21 世纪高职高专规划教材——计算机

中文版 AutoCAD 应用基础教程

——上机指导与练习（2012 版）

尹涛　杨京山　周娜　编著

西南交通大学出版社
·成　都·

内容简介

AutoCAD 2012 是 Autodesk 公司最新推出的计算机通用绘图软件。本书是与教材《中文版 AutoCAD 应用基础教程（2012 版）》配套使用的上机实训指导书。

全书共 10 章，从基础入门开始，通过精选习题分别介绍了 AutoCAD 2012 的二维图形绘制的各种基本命令和操作步骤、二维图形的编辑修改方法、线形、线宽及图层的设置、对象捕捉和极轴追踪技巧、新的图案填充方式、文字和尺寸标注的方法、块的定义和插入、样板文件的制作和使用等。通过教材指导并完成练习，可以使学习者较全面掌握 AutoCAD 2012 的二维绘图方法和规律。

图书在版编目（CIP）数据

中文版 AutoCAD 应用基础教程：上机指导与练习：2012 版 / 尹涛，杨京山，周娜编著. — 成都：西南交通大学出版社，2012.2（2017.2 重印）
21 世纪高职高专规划教材. 计算机
ISBN 978-7-5643-1543-6

Ⅰ. ①中… Ⅱ. ①尹… ②杨… ③周… Ⅲ. ①AutoCAD 软件－高等学校－教学参考资料 Ⅳ. ①TP391.72

中国版本图书馆 CIP 数据核字（2011）第 269534 号

21 世纪高职高专规划教材——计算机

中文版 AutoCAD 应用基础教程
——上机指导与练习（2012 版）

尹 涛　杨京山　周 娜　编著

*

责任编辑　李芳芳
特邀编辑　赵雄亮
封面设计　本格设计
西南交通大学出版社出版发行
四川省成都市二环路北一段 111 号西南交通大学创新大厦 21 楼
邮政编码：610031　发行部电话：028-87600564
http: //www.xnjdcbs.com
成都中铁二局永经堂印务有限责任公司印刷

*

成品尺寸：185 mm × 260 mm　印张：7.375
字数：184 千字
2012 年 2 月第 1 版　2017 年 2 月第 4 次印刷
ISBN 978-7-5643-1543-6
定价：18.80 元

前　言

AutoCAD是由美国Autodesk公司为在计算机上应用计算机辅助设计（Computer Aided Design， CAD）技术而开发的绘图程序软件包，现已经成为国际上广泛使用的绘图工具。该软件推广的“.dwg”文件格式成为二维绘图的常用标准格式。

AutoCAD具有良好的用户界面，通过交互菜单或命令行方式便可以进行各种操作。它的多文档设计环境，让非计算机专业人员也能很快地学会使用，并在不断实践的过程中更好地掌握它的各种应用技巧，从而不断提高工作效率。

AutoCAD具有广泛的适应性，它可以在各种操作系统支持的微型计算机和工作站甚至是移动设备和手机（AutoCAD® WS）上运行，并支持各种图形显示设备以及数字化仪和鼠标器、绘图仪和打印机等。

AutoCAD 2012 软件整合了制图和可视化功能，加快了任务的执行，能够满足个人用户的需求和偏好，能够更快地执行常见的CAD任务，更容易找到那些不常见的命令。简化了制图任务，极大地提高了效率。

本书是与教材《中文版AutoCAD应用基础教程（2012 版）》配套使用的上机实训指导书，也是独立的软件操作入门和提高的指导书，方便软件初学者练习和专业使用者训练。全书共 10 章，从基础入门开始，精选的习题分别介绍了AutoCAD 2012 的二维图形绘制的各种基本命令和操作步骤，二维图形的编辑修改方法，线型、线宽及图层的设置，对象捕捉和极轴追踪技巧，新的图案填充方式，文字和尺寸标注的方法，块的定义和插入，样板文件的制作和使用等。这些精选的习题，由浅入深，再加入合适指导，可以让学习者举一反三，水到渠成，轻松掌握AutoCAD的基本命令和相关设置、绘图方法及技巧。通过教材指导并完成练习，学习者可以较全面掌握AutoCAD 2012 的二维绘图方法和规律。

本书约定：利用“|”表示上下级面板或菜单的关联，比如“[常用] | [绘图] | [直线]”表示选择[常用]选项卡中的[绘图]面板，然后单击其中的[直线]按钮；又如“绘图（D）” | “直线（L）”表示选择“绘图（D）”菜单，执行其中的“直线（L）”命令，其他依次

类推；“↙”表示回车按钮。

为使读者迅速掌握教材中的内容，本书还有配套的习题文件，内容为教材中操作的实例源文件、样板文件以及涉及的机械工程制图的相关国家标准，以方便读者学习。如有需要，可与作者联系（E-mail：yintaoyaoli@qq.com）。

本书由长期从事计算机AutoCAD教学的经验丰富的杨京山、尹涛、周娜等多位老师参与编写，其中，本书的第 1～5 章由尹涛编写，第 6～8 章由周娜编写，第 9 章由杨京山编写，第 10 章由桑茂兰编写，并由杨京山、尹涛整理、统稿，既可作为《AutoCAD应用基础教程（2012 版）》的上机指导教材，也可作为AutoCAD 2012 软件学习的专用指导书，方便学习和加强软件操作能力的训练。由于编者水平有限，不足之处在所难免，望广大读者不吝指教。

最后感谢西南交通大学出版社的大力支持和帮助。

作　者

2011 年 9 月 29 日

目 录

第 1 章　AutoCAD 2012 基础

1.1　AutoCAD 概述

【练习 1.1】　通过Autodesk公司网站了解AutoCAD相关信息。

Autodesk公司中文网址:http://www.autodesk.com.cn/(见图 1.1)。打开网页后选择AutoCAD产品页面，了解软件概述与特征等相关内容（见图 1.2)。

图 1.1　Autodesk 公司主页

图 1.2　AutoCAD 系列软件产品网页

【练习 1.2】　启动AutoCAD 2012 软件。

分别通过Windows桌面上的AutoCAD快捷方式或Windows开始菜单-程序-Autodesk-AutoCAD 2012-Simplified Chinese方式启动AutoCAD 2012，观察、了解AutoCAD 2012 软件界

面，如图 1.3 所示。

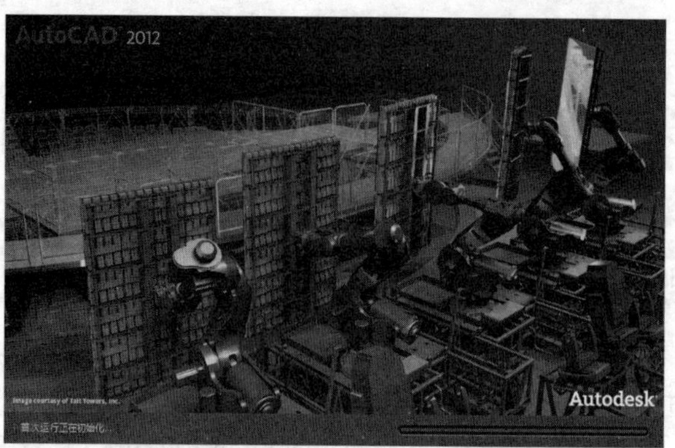

图 1.3 AutoCAD 2012 启动界面

1.2 AutoCAD 界面组成

【练习 1.3】 了解工作空间的概念、类型以及工作空间的切换。

1. 观察默认的“草图与注释”工作空间，如图 1.4、1.5 所示。

图 1.4 “草图与注释”工作空间的快速访问工具栏

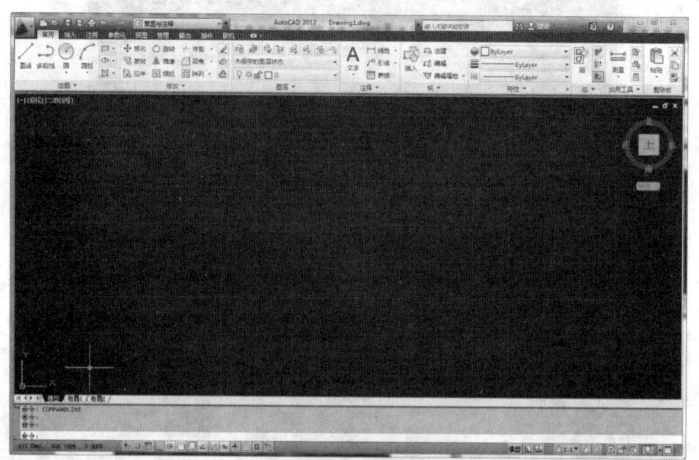

图 1.5 AutoCAD 2012“草图与注释”工作空间

➢ 当鼠标指针悬停在功能面板（见图 1.6）相应按钮时，则自动显示相应说明与示例。9 个控制台，易于访问图层、注解比例、文字、标注、多种箭头、表格、二维导航、对象属性以及块属性等多种命令。

图 1.6 AutoCAD 2012 功能面板

➢ 观察绘图区域及其绘图相关标识。

➢ 了解命令窗口中命令的输入方法及观看以前命令的方法。

➢ 了解状态栏中的图形坐标及各工具按钮的名称、位置。

[常用]功能面板如图 1.7 所示。

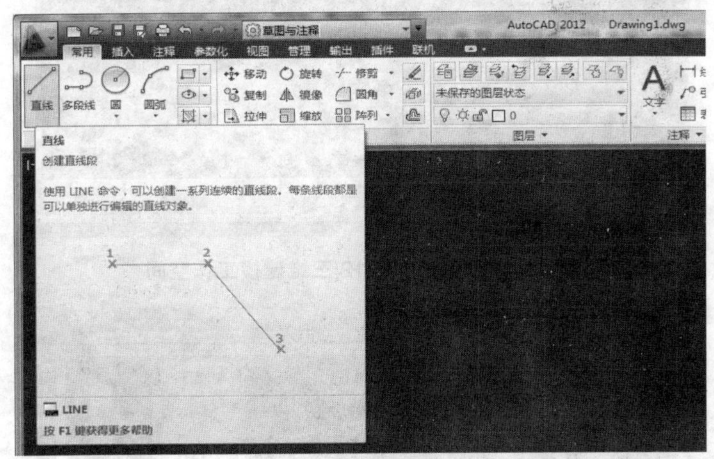

图 1.7　AutoCAD 2012 的[常用]功能面板

2.　找到[切换工作空间]按钮，打开三维基础工作空间，观察其界面特点，如图 1.8 所示。

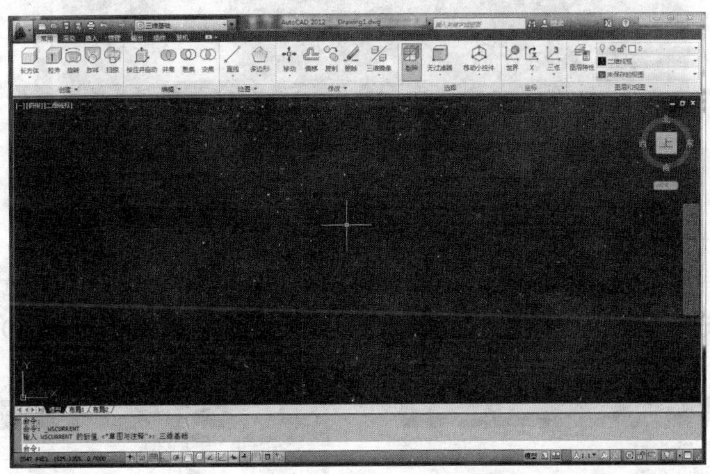

图 1.8　AutoCAD 2012 三维基础工作空间

3.　找到[切换工作空间]按钮，打开三维建模工作空间，观察其界面特点，如图 1.9 所示。

4.　找到[切换工作空间]按钮，打开AutoCAD经典工作空间，观察其界面特点，如图 1.10 所示。

1.3　图形文件管理

【练习 1.4】　以“acadiso.dwt”为样板创建新文件，并保存文件（注意文件的扩展名）。文件可命名为“01xxx.dwg”，即“学号姓名 .dwg”。

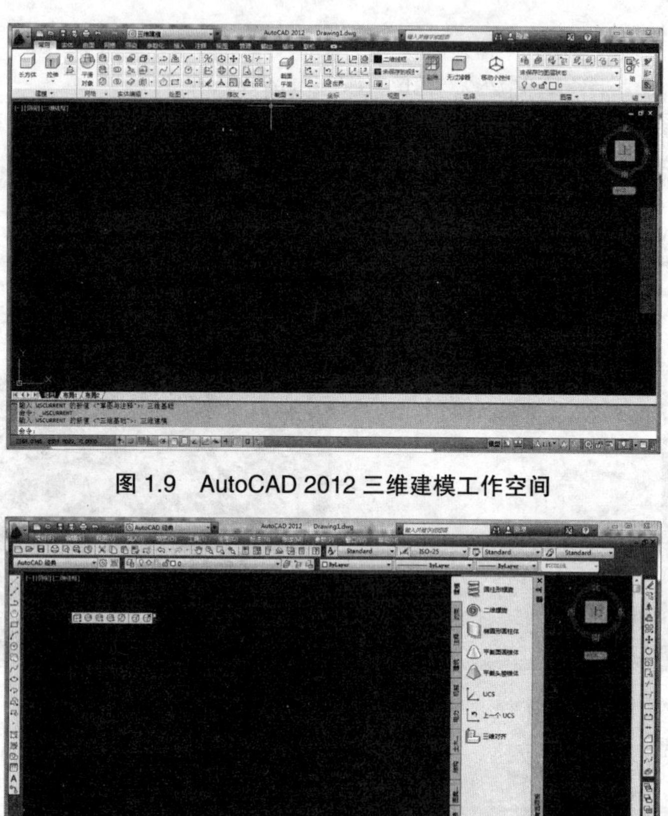

图 1.9 AutoCAD 2012 三维建模工作空间

图 1.10 AutoCAD 2012 经典工作空间

（1）单击[快速访问工具栏] | [新建]按钮；

（2）在选择样板对话框中选择“acadiso.dwt”为样板打开新文件，如图 1.11 所示；

（3）单击[快速访问工具栏] | [保存]按钮，选择好路径后，文件名改为“01xxx.dwg”，然后保存，如图 1.12 所示。

图 1.11 AutoCAD 2012 新建图形文件

图 1.12 AutoCAD 2012 另存图形文件

【练习 1.5】　打开AutoCAD 2012 软件提供的范例文件（在AutoCAD 2012 安装文件夹下的sample目录内），浏览文件并了解AutoCAD 2012 绘制的典型工程图及应用场合。

（1）单击[快速访问工具栏] | [打开]按钮；

（2）找到AutoCAD 2012 安装路径及目录下文件。例如：C：\ProgramFiles\Autodesk\AutoCAD 2012 - Simplified Chinese chinese\Sample\DatabaseConnectivity\db_samp.dwg，如图 1.13 所示。

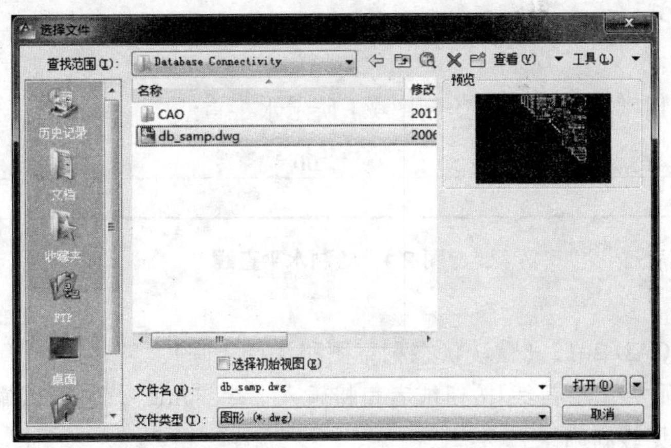

图 1.13　AutoCAD 2012 打开图形文件

（3）浏览图形文件后依次单击“文件”——“快速访问工具栏”——“另存为”——“02xxx.dwg”，即“学号姓名.dwg”。

1.4　绘图的基本设置

【练习 1.6】　新建图形文件，并按如下要求设置：

- ➢ 图形界限：设置为A3 横放（尺寸：420×297）；
- ➢ 绘图单位：设置长度单位mm；角度单位“度/分/秒”；
- ➢ 保存图形：文件命名为“A3.dwg”。

操作提示：

（1）新建图形，选择“无样板打开-公制（M）”。

（2）输入“limits”命令（或者单击“快速工具栏”子菜单——“显示菜单栏”，在菜单栏“格式”菜单内选择“图形界限”），并重新设置模型空间界限：

指定左下角点或[开（ON）/关（OFF）]<0，0>：0，0↙

指定右上角点<420，297>：420，297↙

注意：“limits”命令有on/off参数，这是正确运用它的关键。on：打开界限检查。当界限检查打开时，将无法输入栅格界线外的点。由于界限检查只测试输入点，所以对象（例如圆）的某些部分可能会延伸出栅格界限。off：关闭界限检查。可以在定义的界限外绘图，CAD默认图纸无限大，设置图形界限时，只是将图形限制在一定范围内。

（3）保存文件：以“A3.dwg”命名。

第 2 章 绘制二维图形

2.1 绘制直线

【练习 2.1】 用“直线”命令绘制图 2.1 所示水平直线。

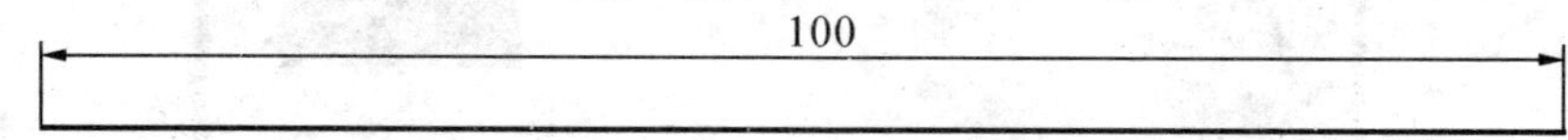

图 2.1 绘制水平直线

操作提示：

（1）启动AutoCAD 2012（默认状态和草图和注释空间）。

（2）单击功能面板左侧[直线]按钮或者直接输入命令“line”，也可以输入快捷键“L”（相关命令及其快捷键见教材附录）。

命令：line指定第一点：100，100↙

指定下一点或[放弃（U）]：@100，0（或者输入极坐标“@100<0”）↙

指定下一点或[放弃（U）]：↙（或者敲空格键，也可以单击右键，在菜单中单击确认，结束直线绘图命令）

注意：绘图中请确认关闭中文输入法，以免输入坐标时出错。

【练习 2.2】 用“直线”命令绘制图 2.2 所示垂直直线。

操作提示：

（1）新建图形文件，在选择样板界面中选择“无样板打开-公制（M）”。

（2）单击[直线]按钮。

命令：_line 指定第一点：100，100↙

指定下一点或 [放弃（U）]：@0，100（或者输入@100<90）↙

【练习 2.3】 用“直线”命令绘制图 2.3 所示直线。

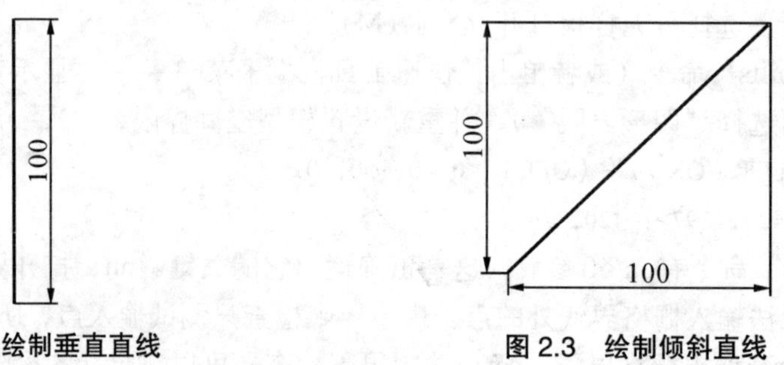

图 2.2 绘制垂直直线　　图 2.3 绘制倾斜直线

操作提示：

（1）新建图形文件，在选择样板界面中选择“无样板打开-公制”。

（2）单击[直线]按钮。

指定下一点或[放弃（U）]：100，100↙

指定下一点或[放弃（U）]：@100，100↙

【练习 2.4】　用“直线”命令绘制图 2.4 所示三角形。

操作提示：

（1）新建图形文件，在选择样板界面中选择“无样板打开-公制”。

（2）单击[直线]按钮。

命令：_line指定第一点：（在屏幕绘图区域内任意位置单击鼠标左键，拾取第一点）。

指定下一点或[放弃（U）]：@100，0↙

指定下一点或[放弃（U）]：@0，100↙

指定下一点或[闭合（C）/放弃（U）]：c↙（选择闭合参数，闭合图形）

思考：试用极坐标绘制该图形。

【练习 2.5】　用“直线”命令绘制图 2.5 所示图形。

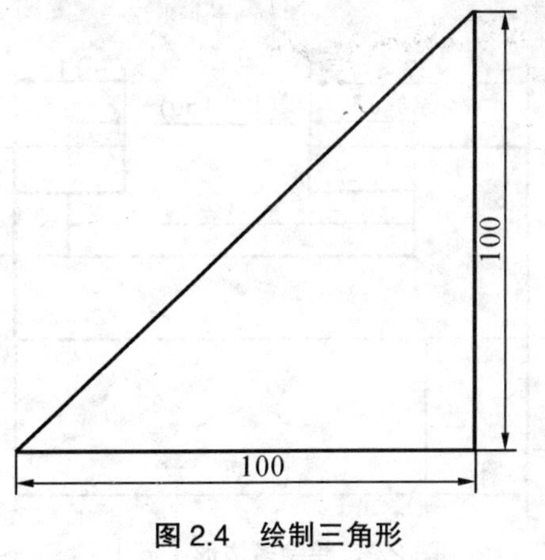

图 2.4　绘制三角形

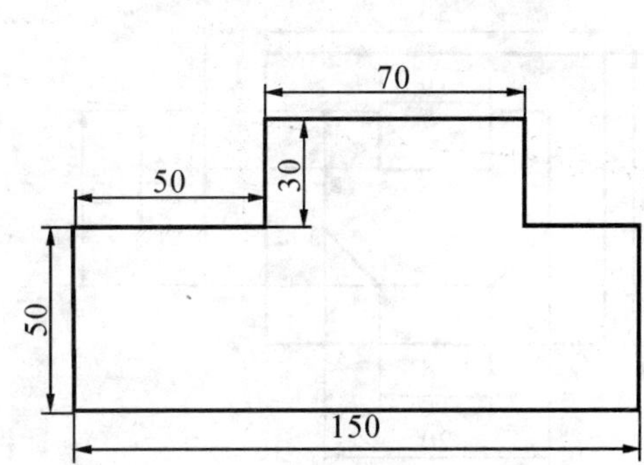

图 2.5　绘制多边形（一）

【练习 2.6】　用“直线”命令绘制图 2.6 所示图形。

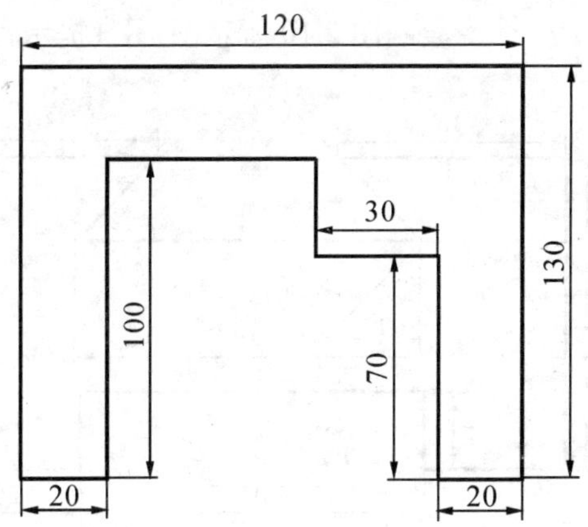

图 2.6　绘制多边形（二）

【练习 2.7】　用“直线”命令绘制图 2.7 所示图形。（提示：除用绝对坐标确定B点位置外，也可以用从A点作辅助线方法来确定B点位置。）

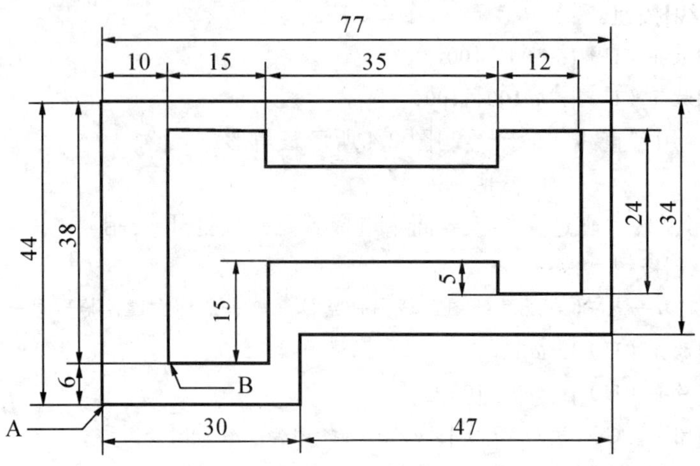

图 2.7　绘制多边形（三）

【练习 2.8】　用“直线”命令绘制图 2.8 所示图形。

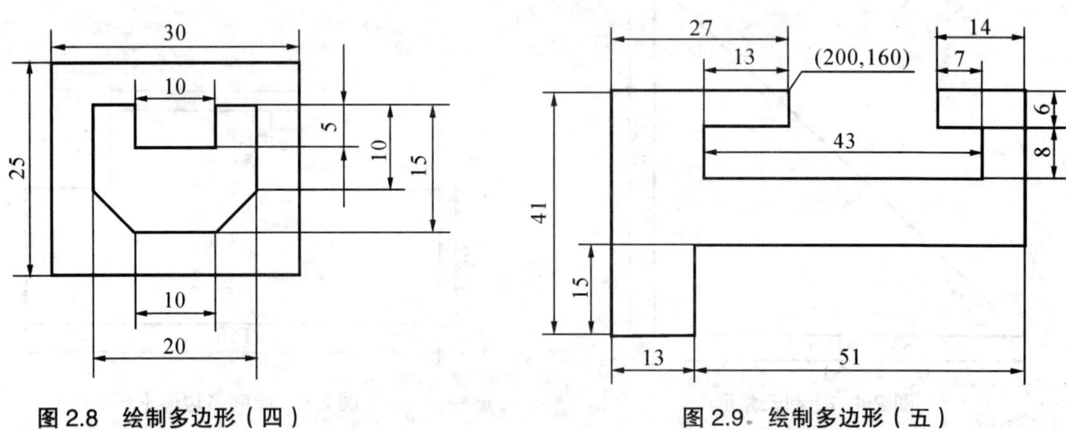

图 2.8　绘制多边形（四）　　图 2.9　绘制多边形（五）

【练习 2.9】　用“直线”命令绘制图 2.9 所示图形。

【练习 2.10】　用“直线”命令绘制图 2.10 所示图形。（提示：熟练掌握极坐标定位方法。）

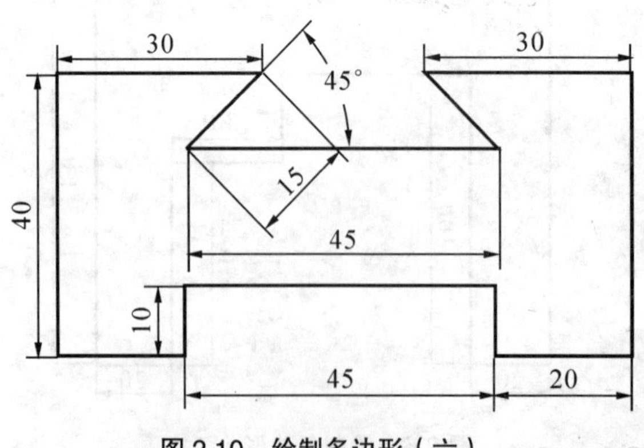

图 2.10　绘制多边形（六）

【练习 2.11】　用“直线”命令绘制图 2.11 所示图形。（提示：注意先考虑绘图的起点位置。）

操作提示：

命令：_line 指定第一点：100，100↙
指定下一点或[放弃（U）]：@10，50↙
指定下一点或[放弃（U）]：@50<30↙
指定下一点或[闭合（C）/放弃（U）]：@30<90↙
指定下一点或[闭合（C）/放弃（U）]：@100<-45↙
指定下一点或[闭合（C）/放弃（U）]：c↙

【练习 2.12】　用“直线”命令绘制图 2.12 所示图形。

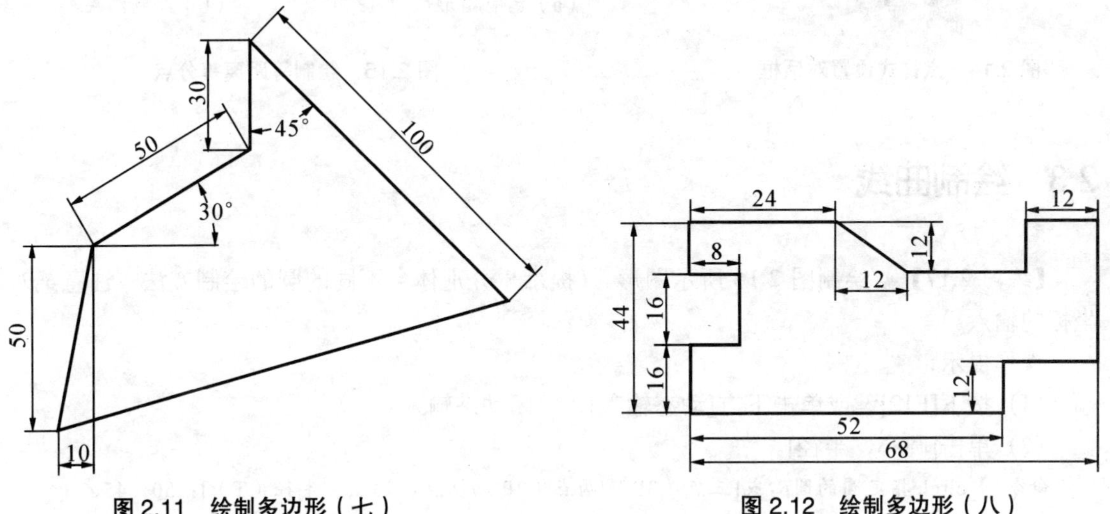

图 2.11　绘制多边形（七）　　图 2.12　绘制多边形（八）

【练习 2.13】　绘制四条射线，要求四条射线均以点（100，100）为起点，方向分别为 0°、30°、60°、315°。

【练习 2.14】　绘制构造线，要求绘制水平构造线 3 条，彼此间距为 25；绘制垂直构造线 5 条，彼此间距为 40。

2.2　绘制点对象

【练习 2.15】　打开习题文件“DWG\第 2 章\EX2.13.dwg”，用“定数等分”命令绘制出六等分点，如图 2.13 所示。

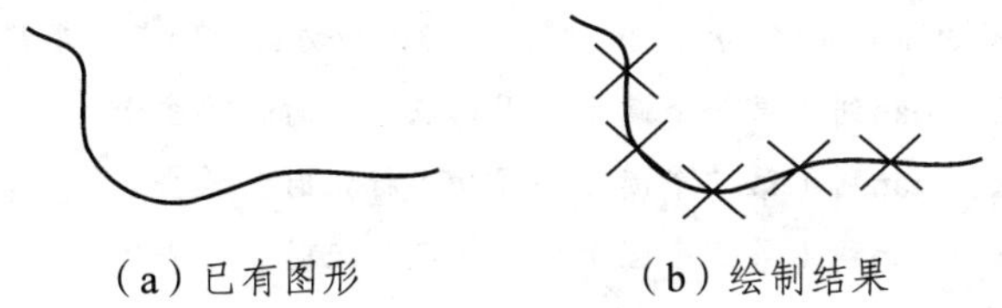

（a）已有图形　　（b）绘制结果

图 2.13　绘制等分点

提示：点的样式的设置。在功能区单击[常用]选项卡｜[实用工具]面板｜[▼]｜[点样式]或菜单栏“格式（O）”｜“点样式（P）”（单击快速访问工具栏的展开按钮“▼”可显示/

隐藏菜单栏）可以打开点样式设置对话框，如图 2.14 所示（输入“ddptype”命令亦可）。

【练习 2.16】　打开习题文件“DWG\第 2 章\EX2.15.dwg”，用“测量”命令绘制出五等分点，等距长度为 60，如图 2.15 所示。（注意选择起始点的方向。）

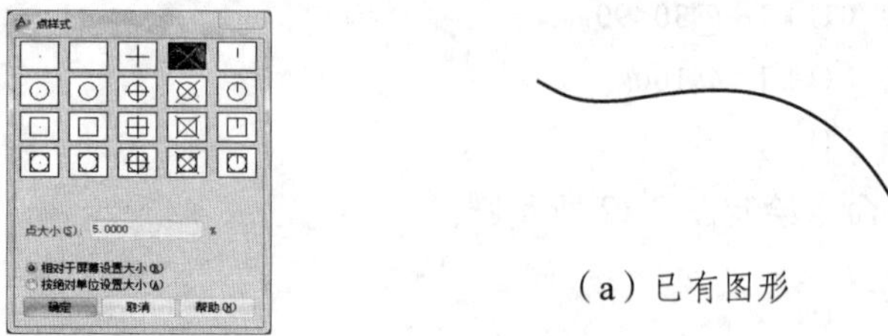

图 2.14　点样式设置对话框

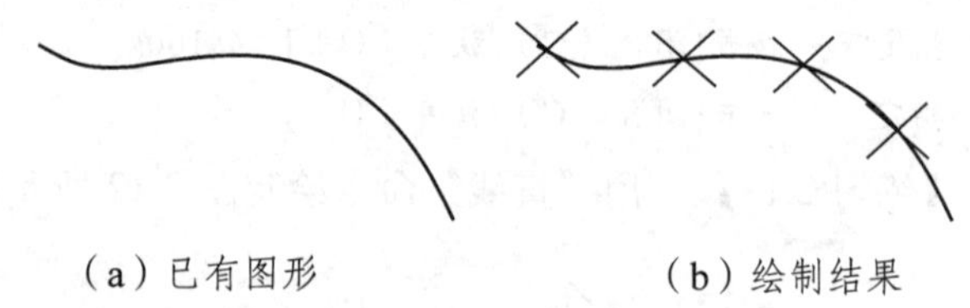

（a）已有图形　　（b）绘制结果

图 2.15　绘制等距离等分点

2.3　绘制曲线

【练习 2.17】　绘制图 2.16 所示图形。（提示：分别体会不同的圆的绘制方法，注意绝对坐标的输入。）

操作提示：

（1）按下[F12]键或单击下方[动态输入]，关闭动态输入。

（2）单击[圆心，半径]。

命令：_circle指定圆的圆心或[三点（3P）/两点（2P）/切点、切点、半径（T）]：50，45↙

指定圆的半径或[直径（D）]<49.6588>：14↙

（3）单击[两点]绘圆。

命令：_circle指定圆的圆心或[三点（3P）/两点（2P）/切点、切点、半径（T）]：_2p指定圆直径的第一个端点：90，66↙

指定圆直径的第二个端点：90，42↙

（4）单击[三点]绘圆。

命令：_circle指定圆的圆心或[三点（3P）/两点（2P）/切点、切点、半径（T）]：_3p指定圆上的第一个点：92，35↙

指定圆上的第二个点：85，10↙

指定圆上的第三个点：70，22↙

（5）单击[相切、相切、相切]绘圆。

命令：_circle 指定圆的圆心或[三点（3P）/两点（2P）/切点、切点、半径（T）]：_3p

指定圆上的第一个点：_tan到（第一个圆上出现切点标记时，单击）

指定圆上的第二个点：_tan到（第二个圆上出现切点标记时，单击）

指定圆上的第三个点：_tan到（第三个圆上出现切点标记时，单击）

【练习 2.18】　绘制图 2.17 所示圆环。（提示：指定圆环的内径、外径时要输入直径尺寸而不是半径。）

【练习 2.19】　绘制图 2.18 所示四条圆弧图形。（提示：圆弧命令较多，类似的容易混淆，注意区分起点、端点、圆心坐标及次序。）

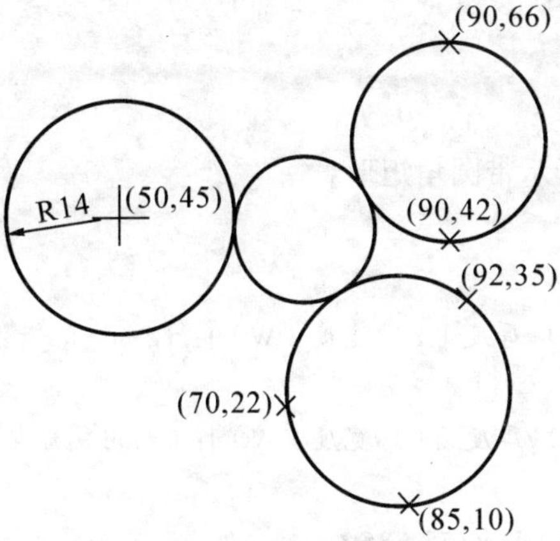

图 2.16　绘制相切圆

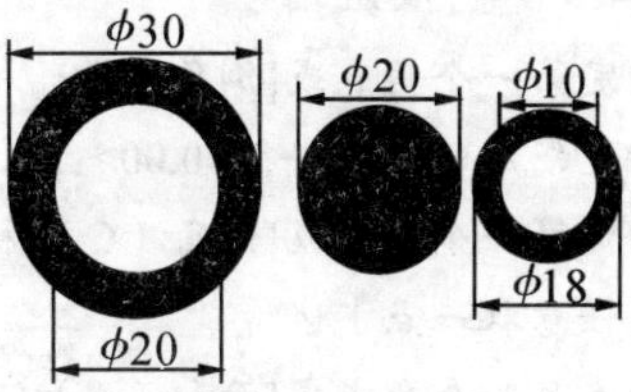

图 2.17　绘制圆环

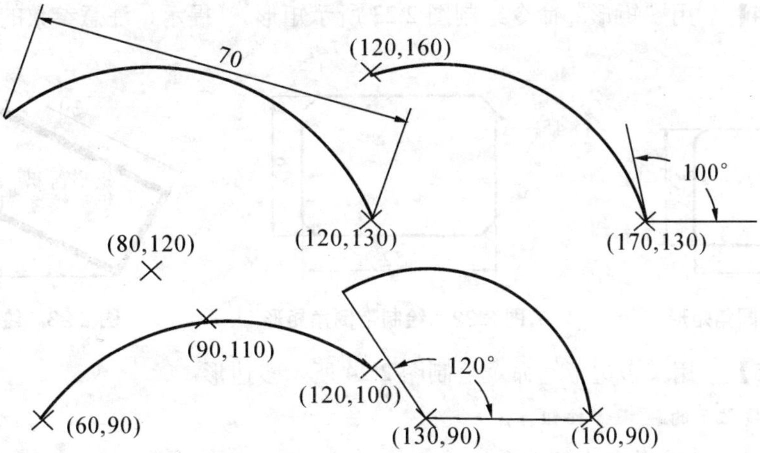

图 2.18　绘制圆弧

【练习 2.20】　用“椭圆”命令绘制图 2.19 所示图形。

操作提示：

(1) 单击 绘制大椭圆，看清命令行提示的是哪个点再输入相应绝对坐标。

(2) 单击 绘制小椭圆。

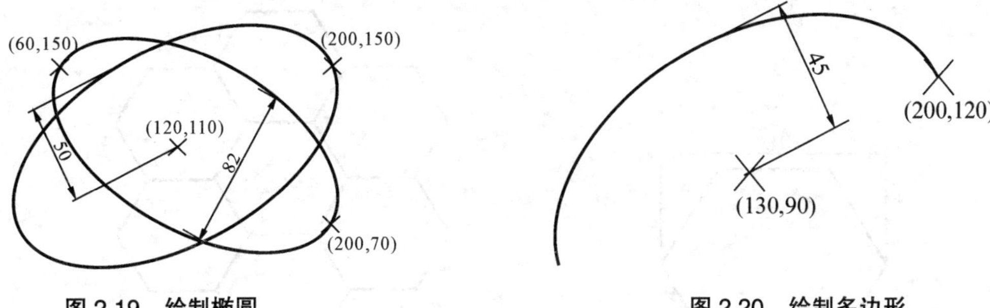

图 2.19　绘制椭圆

图 2.20　绘制多边形

【练习 2.21】　用“椭圆”弧命令绘制图 2.20 所示图形。（提示：椭圆弧的起始角度是以起点位置开始计算的。）

2.4 矩形和正多边形的绘制

【练习 2.22】 用“矩形”命令绘制图 2.21 所示带圆角矩形。

操作提示：

单击 按钮。

指定第一个角点或[倒角（C）/标高（E）/圆角（F）/厚度（T）/宽度（W）]：f↙

指定矩形的圆角半径<0.00>：5↙

指定第一个角点或[倒角（C）/标高（E）/圆角（F）/厚度（T）/宽度（W）]：（利用鼠标在屏幕绘图区域任意取一点）↙

指定另一个角点或[面积（A）/尺寸（D）/旋转（R）]：@75，35↙

【练习 2.23】 用“矩形”命令绘制图 2.22 所示带倒角矩形。

【练习 2.24】 用“矩形”命令绘制图 2.23 所示矩形。（提示：注意参数的选择和次序。）

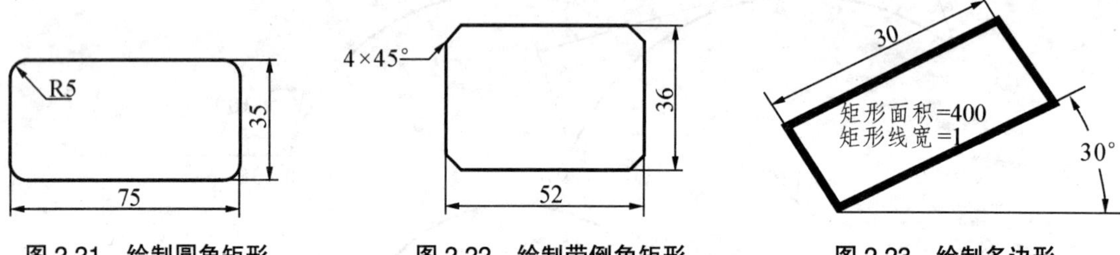

图 2.21 绘制圆角矩形　　图 2.22 绘制带倒角矩形　　图 2.23 绘制多边形

【练习 2.25】 用“多边形”命令绘制图 2.24 所示多边形。

单击[矩形]按钮下的 按钮，↙

命令：_polygon 输入侧面数<4>：6↙

指定正多边形的中心点或 [边（E）]： （绘图区拾取）

输入选项内接于圆（I）/外切于圆[（C）]<I>：I↙

指定圆的半径：50↙

思考：根据尺寸准确判断多边形内接于圆还是外切于圆。

【练习 2.26】 用“直线”命令绘制图 2.25 所示图形。（提示：先绘制中间的正六边形，再用指定边的方法绘制旁边 6 个六边形。）

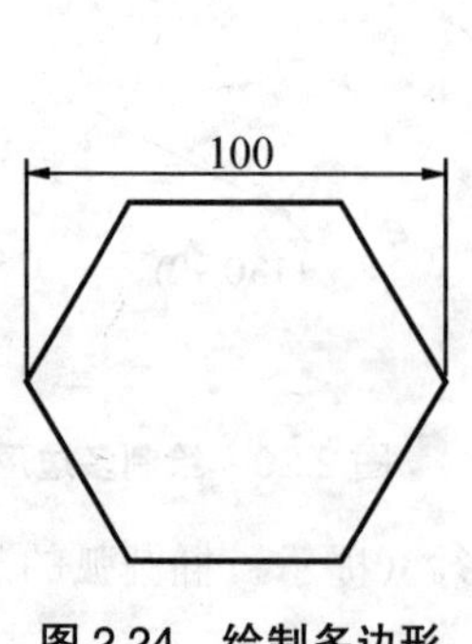

图 2.24 绘制多边形

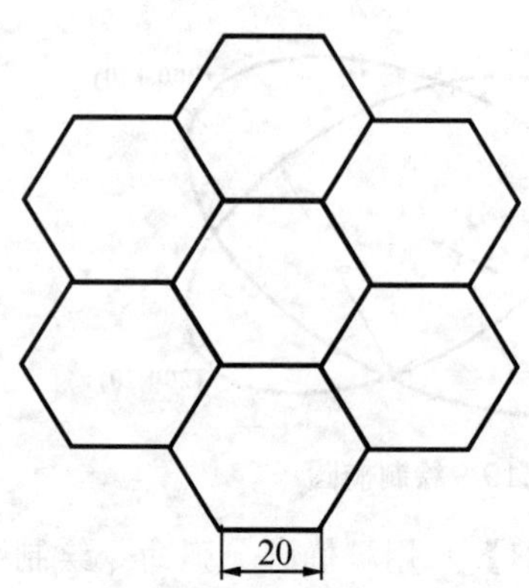

图 2.25 绘制多边形

2.5　绘制与编辑多段线

【练习 2.27】　绘制多段线图形，如图 2.26 所示。

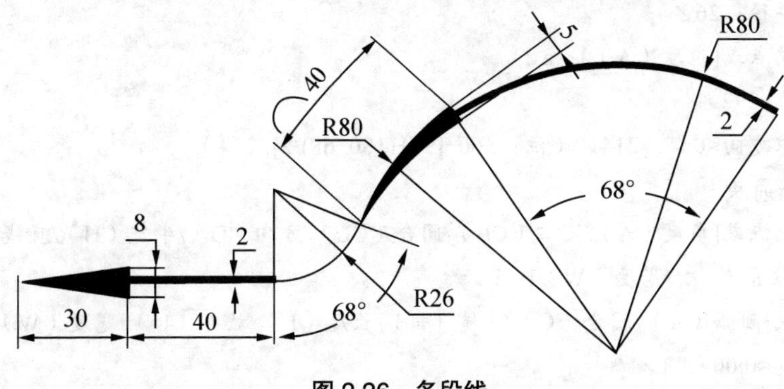

图 2.26　多段线

操作提示：

在功能区单击[常用]选项卡 | [绘图]面板 | [▼] | [多段线]按钮。

(1) 绘制R80 圆弧。

命令：_pline

指定起点：(确定起点位置)

当前线宽为 0.00

指定下一个点或[圆弧（A）/半宽（H）/长度（L）/放弃（U）/宽度（W）]：w↙

指定起点宽度<0.00>：2↙

指定端点宽度<2.00>：↙

指定下一个点或 [圆弧（A）/半宽（H）/长度（L）/放弃（U）/宽度（W）]：a↙

指定圆弧的端点或[角度（A）/圆心（CE）/方向（D）/半宽（H）/直线（L）/半径（R）/第二个点（S）/放弃（U）/宽度（W）]：r↙

指定圆弧的半径：80↙

指定圆弧的端点或 [角度（A）]：a↙

指定包含角：68↙

指定圆弧的弦方向<0d>：180↙

(2) 绘制弧形箭头。

指定圆弧的端点或[角度（A）/圆心（CE）/闭合（CL）/方向（D）/半宽（H）/直线（L）/半径（R）/第二个点（S）/放弃（U）/宽度（W）]：w↙

指定起点宽度<2.00>：5↙

指定端点宽度<5.00>：0↙

指定圆弧的端点或[角度（A）/圆心（CE）/闭合（CL）/方向（D）/半宽（H）/直线（L）/半径（R）/第二个点（S）/放弃（U）/宽度（W）]：ce↙

指定圆弧的圆心：(捕捉R80 圆弧的圆心)

指定圆弧的端点或 [角度（A）/长度（L）]：L↙

指定弦长：40↙

（3）绘制R26 圆弧。

指定圆弧的端点或[角度（A）/圆心（CE）/闭合（CL）/方向（D）/半宽（H）/直线（L）/半径（R）/第二个点（S）/放弃（U）/宽度（W）]：r↙

指定圆弧的半径：26↙

指定圆弧的端点或[角度（A）]：a↙

指定包含角：-292↙

指定圆弧的弦方向<0d>：214↙（注：360-[90+(180-68)/2]=214）

（4）绘制直箭头。

指定圆弧的端点或[角度（A）/圆心（CE）/闭合（CL）/方向（D）/半宽（H）/直线（L）/半径（R）/第二个点（S）/放弃（U）/宽度（W）]：L↙

指定下一点或[圆弧（A）/闭合（C）/半宽（H）/长度（L）/放弃（U）/宽度（W）]：h↙

指定起点半宽<0.00>：1↙

指定端点半宽<1.00>：↙

指定下一点或[圆弧（A）/闭合（C）/半宽（H）/长度（L）/放弃（U）/宽度（W）]：@-40，0↙

指定下一点或[圆弧（A）/闭合（C）/半宽（H）/长度（L）/放弃（U）/宽度（W）]：w↙

指定起点宽度<2.00>：8↙

指定端点宽度<8.00>：0↙

指定下一点或[圆弧（A）/闭合（C）/半宽（H）/长度（L）/放弃（U）/宽度（W）]：@-30，0↙

指定下一点或[圆弧（A）/闭合（C）/半宽（H）/长度（L）/放弃（U）/宽度（W）]：↙

2.6　绘制与编辑样条曲线

【练习 2.28】　请分别用拟合点方式（公差为 0 和 10）和控制点方式（阶为 3 和 10）绘制样条曲线，如图 2.27 所示。

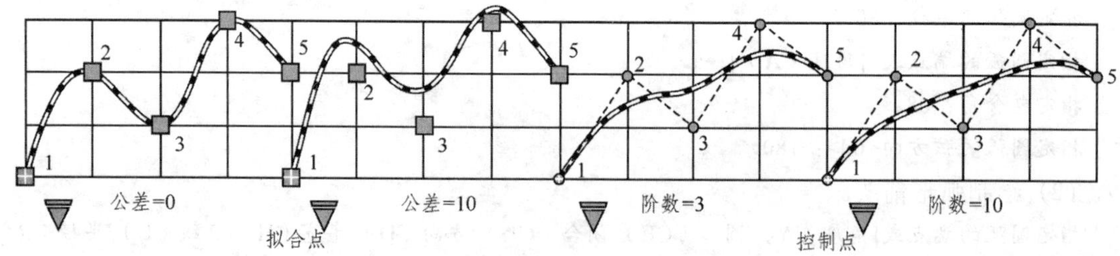

图 2.27　绘制样条曲线

操作提示：

(1) 拟合点方式，公差为 0。

在功能区单击[常用]选项卡 | [绘图]面板 | [▼] | [样条曲线拟合]按钮。

命令：_spline

当前设置：方式=拟合　　节点=弦

指定第一个点或[方式（M）/节点（K）/对象（O）]：_M↙

输入样条曲线创建方式[拟合（F）/控制点（CV）]<拟合>：_FIT↙

当前设置：方式=拟合　　节点=弦

指定第一个点或[方式（M）/节点（K）/对象（O）]：捕捉到 1 点

输入下一个点或[起点切向（T）/公差（L）]：捕捉到 2 点

输入下一个点或[端点相切（T）/公差（L）/放弃（U）]：捕捉到 3 点

输入下一个点或[端点相切（T）/公差（L）/放弃（U）/闭合（C）]：捕捉到 4 点

输入下一个点或[端点相切（T）/公差（L）/放弃（U）/闭合（C）]：捕捉到 5 点

输入下一个点或[端点相切（T）/公差（L）/放弃（U）/闭合（C）]：↙

（2）拟合点方式，公差为 10。

单击[常用]|[绘图]|[▼]|[样条曲线拟合]按钮。

命令：_spline

当前设置：方式=拟合　　节点=弦

指定第一个点或[方式（M）/节点（K）/对象（O）]：_M↙

输入样条曲线创建方式[拟合（F）/控制点（CV）]<拟合>：_FIT↙

当前设置：方式=拟合　　节点=弦

指定第一个点或[方式（M）/节点（K）/对象（O）]：捕捉到 1 点

输入下一个点或[起点切向（T）/公差（L）]：L↙

指定拟合公差<0.00>：10↙

输入下一个点或[起点切向（T）/公差（L）]：捕捉到 2 点

输入下一个点或[端点相切（T）/公差（L）/放弃（U）]：捕捉到 3 点

输入下一个点或[端点相切（T）/公差（L）/放弃（U）/闭合（C）]：捕捉到 4 点

输入下一个点或[端点相切（T）/公差（L）/放弃（U）/闭合（C）]：捕捉到 5 点

输入下一个点或[端点相切（T）/公差（L）/放弃（U）/闭合（C）]：↙

（3）控制点方式，阶为 3。

单击[常用]|[绘图]|[▼]|[样条曲线拟合]按钮。

命令：_spline

当前设置：方式=控制点　　阶数=3

指定第一个点或[方式（M）/阶数（D）/对象（O）]：_M↙

输入样条曲线创建方式[拟合（F）/控制点（CV）]<CV>：_CV↙

当前设置：方式=控制点　　阶数=3

指定第一个点或[方式（M）/阶数（D）/对象（O）]：捕捉到 1 点

输入下一个点：捕捉到 2 点

输入下一个点或[放弃（U）]：捕捉到 3 点

输入下一个点或[闭合（C）/放弃（U）]：捕捉到 4 点

输入下一个点或[闭合（C）/放弃（U）]：捕捉到 5 点

输入下一个点或[闭合（C）/放弃（U）]：↙

（4）控制点方式，阶为 10。

单击[常用]|[绘图]|[▼]|[样条曲线拟合]按钮。

命令：_spline
当前设置：方式=控制点　阶数=3
指定第一个点或[方式（M）/阶数（D）/对象（O）]：_M↙
输入样条曲线创建方式[拟合（F）/控制点（CV）]<CV>：_CV↙
当前设置：方式=控制点　阶数=3
指定第一个点或[方式（M）/阶数（D）/对象（O）]：d↙
输入样条曲线阶数<3>：10↙
当前设置：方式=控制点　阶数=10
指定第一个点或[方式（M）/阶数（D）/对象（O）]：捕捉到 1 点
输入下一个点：捕捉到 2 点
输入下一个点或[放弃（U）]：捕捉到 3 点
输入下一个点或[闭合（C）/放弃（U）]：捕捉到 4 点
输入下一个点或[闭合（C）/放弃（U）]：捕捉到 5 点
输入下一个点或[闭合（C）/放弃（U）]：↙

2.7 绘制与编辑多线

【练习 2.29】 将图 2.28（a）所示多线修改为 2.28（b）所示图样。

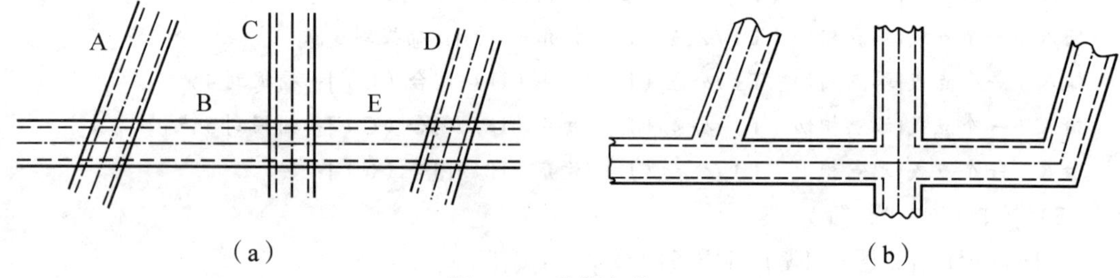

图 2.28 编辑多线

操作提示：
（1）绘制图 2.28（a）所示多线（尺寸自定）。
（2）编辑多线。
单击[修改（M）]菜单 | [对象（O）] | [多线（M）]命令。
命令：_mledit选择十字合并
选择第一条多线：（选择多线B）
选择第二条多线：（选择多线C）
选择第一条多线或[放弃（U）]：↙
命令：_mledit选择T形打开
选择第一条多线：（选择多线A）
选择第二条多线：（选择多线B）
选择第一条多线或[放弃（U）]：↙

命令：_mledit选择角点结合
选择第一条多线：（选择多线D）
选择第二条多线：（选择多线E）
选择第一条多线或[放弃（U）]：↙

(3) 在各条多线两端拾取端点绘制样条曲线。

单击[修改（M）]菜单 | [对象（O）] | [多线（M）]命令。
命令：_splinel
当前设置：方式=拟合　节点=弦
指定第一个点或[方式（M）/节点（K）/对象（O）]：（拾取端点）
输入下一个点或[起点切向（T）/公差（L）]：（拾取端点）
输入下一个点或[端点相切（T）/公差（L）/放弃（U）]：（拾取端点）
输入下一个点或[端点相切（T）/公差（L）/放弃（U）/闭合（C）]：（拾取端点）
……

2.8　综合练习

【练习 2.30】　绘制图 2.29 所示五角星图形。

[提示：绘制正五边形→直线连接各顶点→删除正五边形（选中五边形，按Delete键），如图 2.30 所示。]

图 2.29　绘制五角星

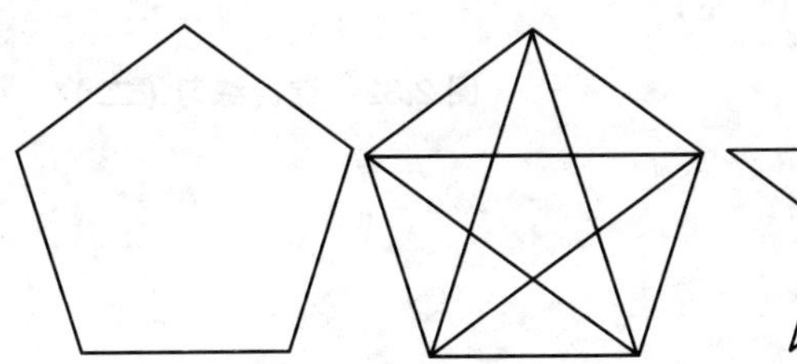

图 2.30　五角星绘制步骤

【练习 2.31】　绘制图 2.31 所示图形。

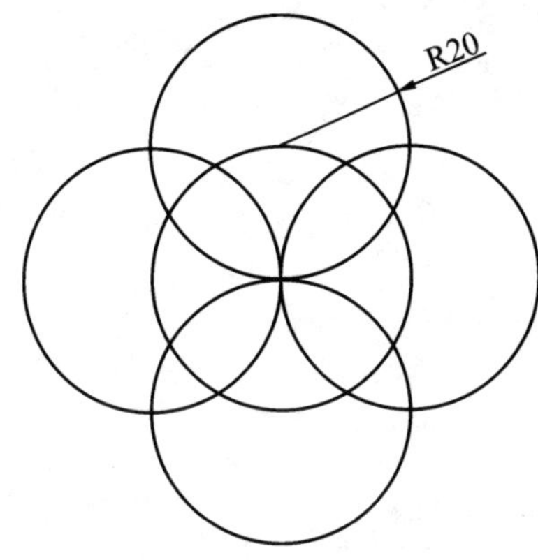

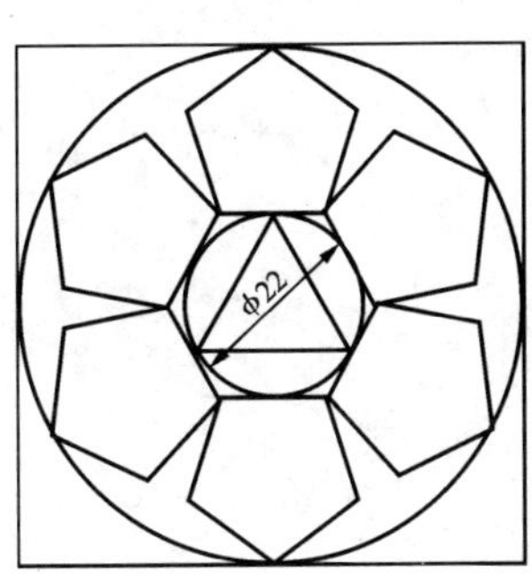

图 2.31　综合练习（一）

【练习 2.32】 用“直线”“圆”“椭圆”“正多边形”等命令绘制图 2.32 所示图形。

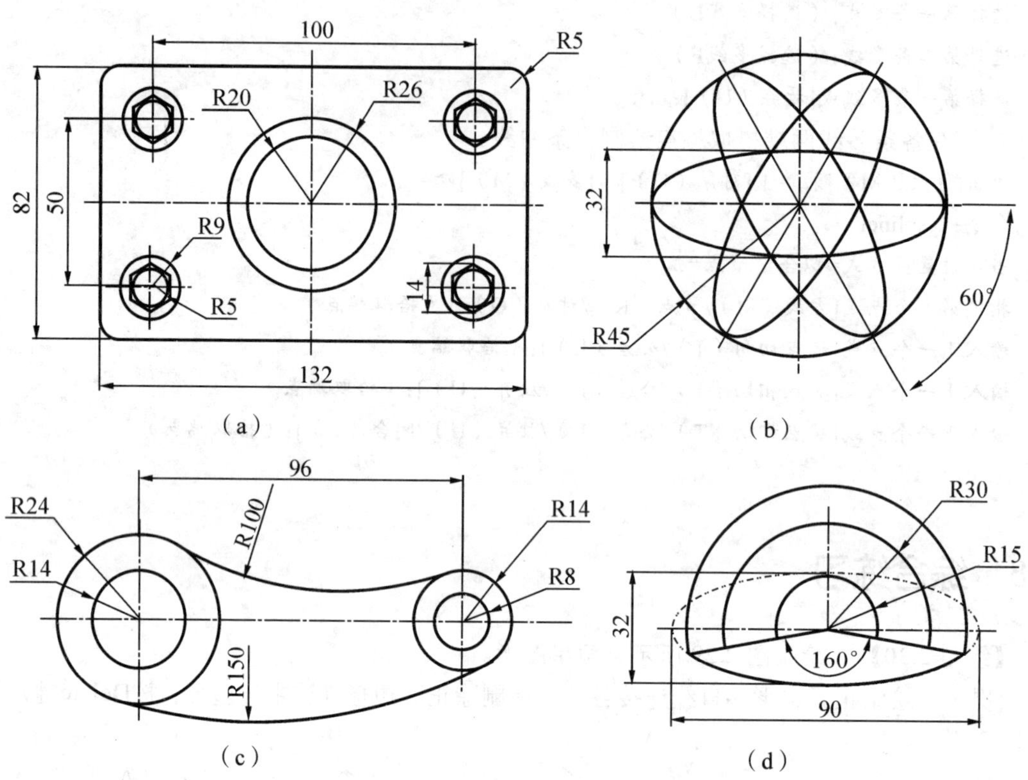

图 2.32　综合练习（二）

第 3 章　编辑二维图形

3.1 选择对象与删除

【练习 3.1】　打开习题文件“DWG\第 3 章\EX3.1.dwg”。

(1) 用删除命令删除第二行第一个图形的中心线，如图 3.1 所示。(直接选取)

(2) 删除第一行第一个零件，如图 3.2 所示。(用窗口选择方式)

(3) 删除第一行第四个零件的右侧部分，如图 3.3 所示。(用窗交方式选择)

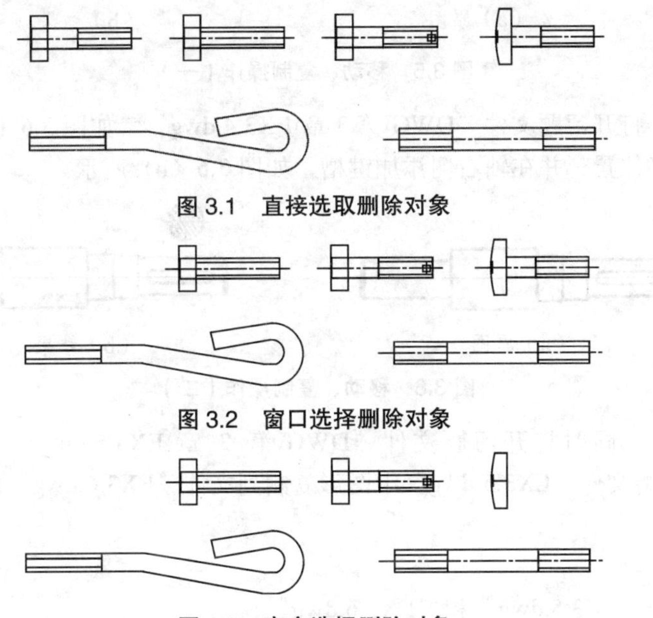

图 3.1　直接选取删除对象

图 3.2　窗口选择删除对象

图 3.3　窗交选择删除对象

【练习 3.2】　打开习题文件“DWG\第 3 章\EX3.2.dwg”，如图 3.4 (a) 所示。用删除命令把 (a) 图修改为 (b) 图。

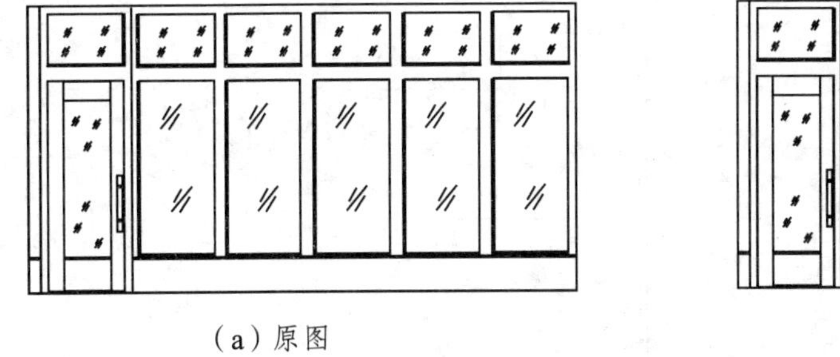

(a) 原图

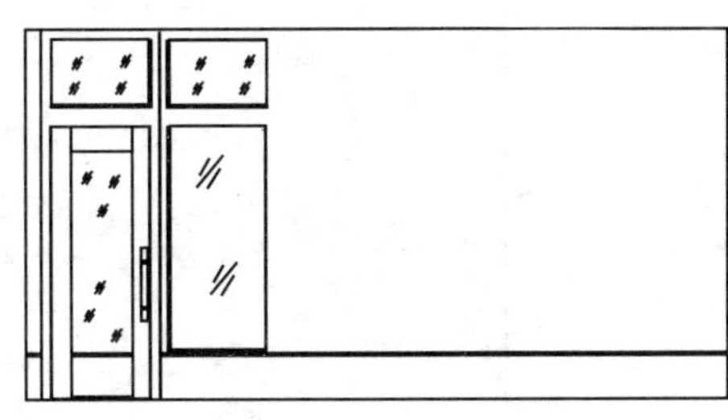

(b) 结果

图 3.4　删除操作

3.2　移动对象、复制对象

【练习 3.3】　打开习题文件“DWG\第 3 章\EX3.3.dwg”，如图 3.5（a）所示。

（1）用移动命令移动小矩形到中部，距离自定；

（2）移动小圆到大矩形角部，然后再复制 3 个；或者直接复制 4 个小圆，然后删除中间多余的圆，如图 3.5（b）所示。

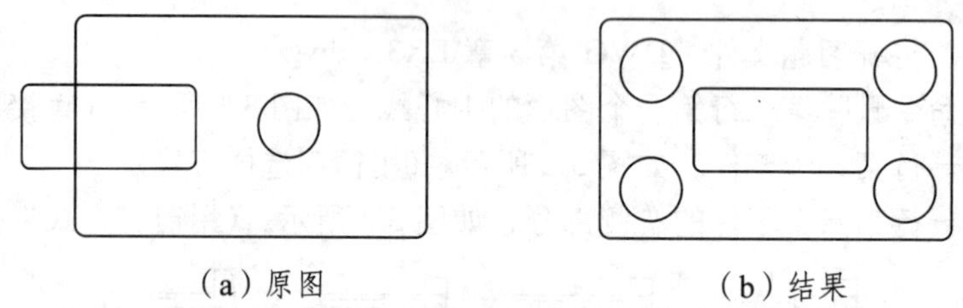

（a）原图　　（b）结果

图 3.5　移动、复制操作（一）

【练习 3.4】　打开习题文件“DWG\第 3 章\EX3.4.dwg”，如图 3.6（a）所示。在原图中移动剖视图到正确位置，并在轴右侧添加键槽，如图 3.6（b）所示。

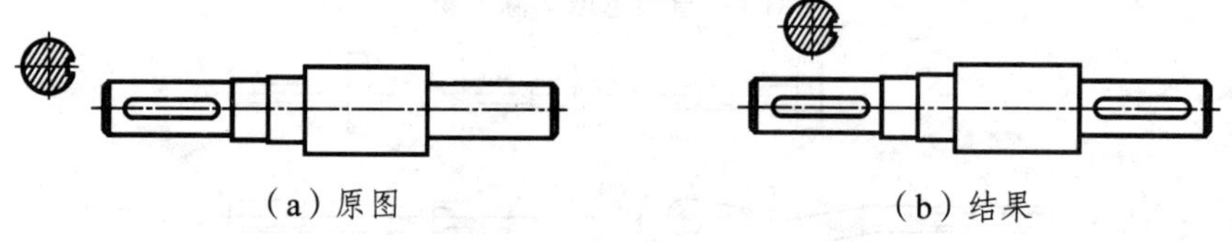

（a）原图　　（b）结果

图 3.6　移动、复制操作（二）

【练习 3.5】　同时打开习题文件“DWG\第 3 章\EX3.5.dwg”和“DWG\第 3 章\EX3.6.dwg”，并将文件“EX3.5.dwg”中图形复制到文件“EX3.6.dwg”内，形成如图 3.8 所示结果。

操作提示：

（1）同时打开“EX3.5.dwg”和“EX3.6.dwg”；

（2）选择功能面板上的“视图”按钮，单击［垂直平铺］，形成如图 3.7 所示的平辅视图；

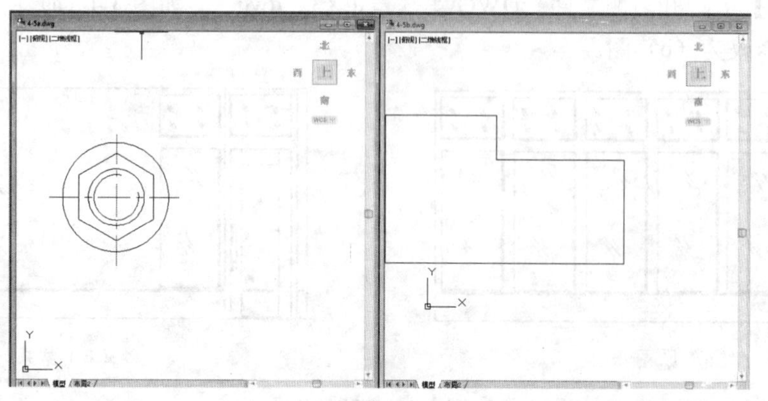

图 3.7　垂直平辅视图

（3）单击左图的边框，激活文件“EX3.5.dwg”，再在图中空白位置右键选择“剪贴板-带基点复制”；

（4）单击圆心来“选择基点”，接着选择图中要复制的图形后，空格或回车；

（5）单击右图的边框，激活文件“EX3.6.dwg”；

（6）在空白处右键选择“剪贴板-粘贴”，把刚才文件中图形插入到该图形中；

（7）最后进行复制，完成图形，如图 3.8 所示。

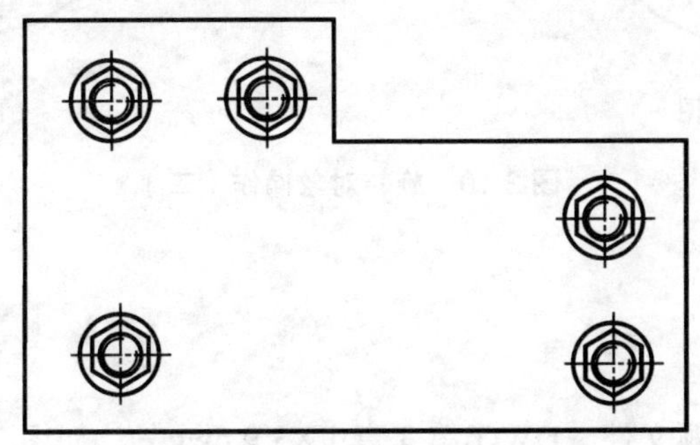

图 3.8　不同文件间的复制操作

3.3　旋转对象

【练习 3.6】　打开习题文件“DWG\第 3 章\EX3.7.dwg”，如图 3.9（a）所示。利用旋转命令把原图修改成图 3.9（b）所示的结果图样式。

操作提示:

(1) 单击“旋转”按钮后，用合适的方法选择要旋转的对象；

(2) 选择基点时点选圆心；

注意：旋转角度及方向要计算清楚。

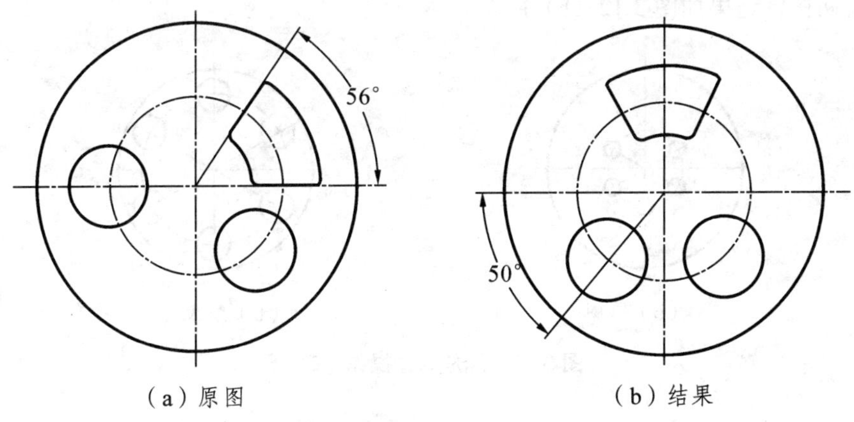

（a）原图　　（b）结果

图 3.9　旋转对象操作（一）

【练习 3.7】　打开习题文件“DWG\第 3 章\EX3.8.dwg”，如图 3.10（a）所示。把原图修改成如图 3.10（b）所示的结果样式。

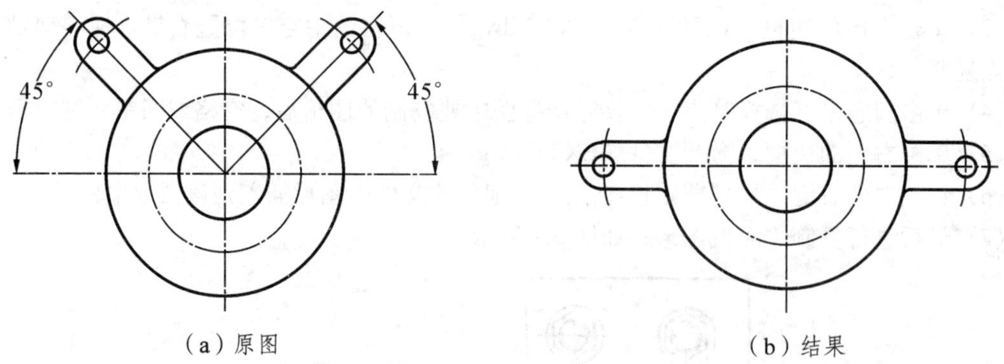

（a）原图 （b）结果

图 3.10 旋转对象操作（二）

3.4 缩放对象

【练习 3.8】 打开习题文件“DWG\第 3 章\EX3.9.dwg”，如图 3.11（a）所示。把原图中的轴孔缩小为原来尺寸的 70%，结果如图 3.11（b）所示。

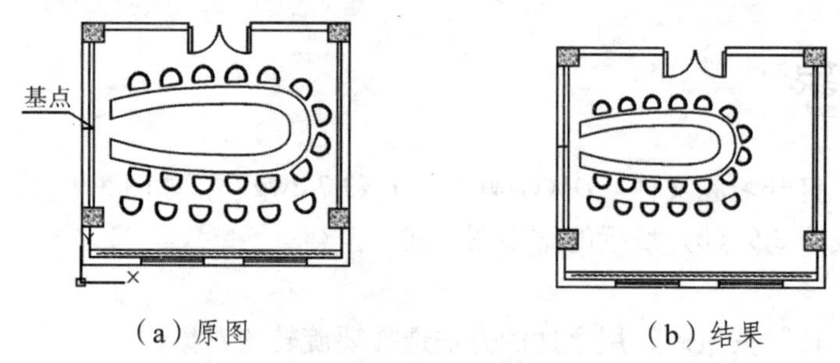

（a）原图 （b）结果

图 3.11 缩放对象操作

【练习 3.9】 打开习题文件“DWG\第 3 章\EX3.10.dwg”，如图 3.12（a）所示。把原图中圆孔放大两倍，结果如图 3.12（b）所示。

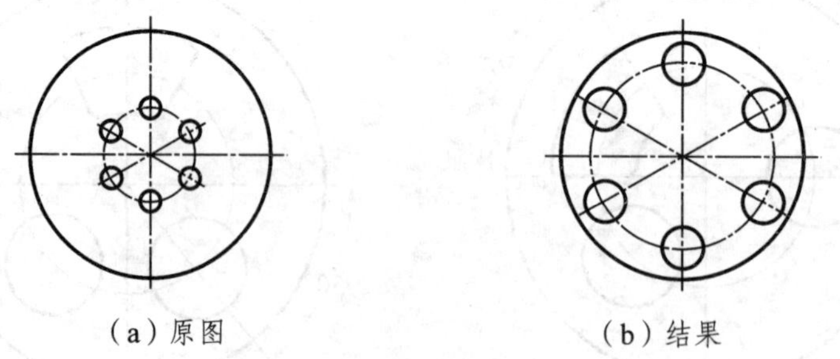

（a）原图 （b）结果

图 3.12 缩放对象操作（二）

3.5 偏移对象

【练习 3.10】 打开习题文件“DWG\第 3 章\EX3.11.dwg”，如图 3.13（a）所示。用“偏

移”命令，把原图对象偏移 10，结果如图 3.13（b）所示。

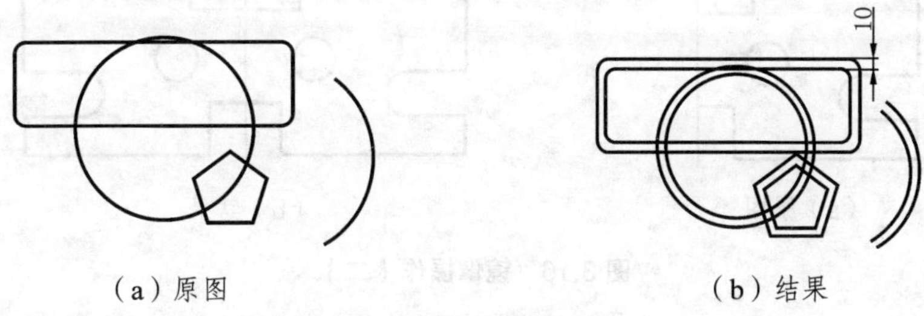

（a）原图　（b）结果

图 3.13　偏移对象操作（一）

【练习 3.11】　打开习题文件“DWG\第 3 章\EX3.12.dwg”，如图 3.14（a）所示。用“偏移”命令对原图对象进行偏移操作，结果如图 3.14（b）所示。

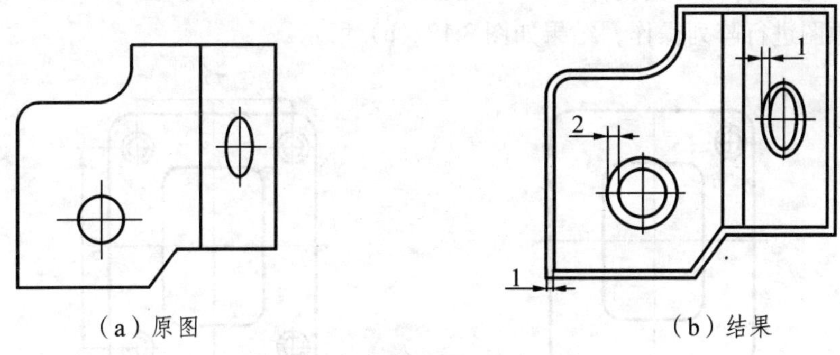

（a）原图　（b）结果

图 3.14　偏移对象操作（二）

3.6　镜像对象

【练习 3.12】　打开习题文件“DWG\第 3 章\EX3.13.dwg”，如图 3.15（a）所示。用“镜像”命令对原图进行镜像操作，结果如图 3.15（b）所示。

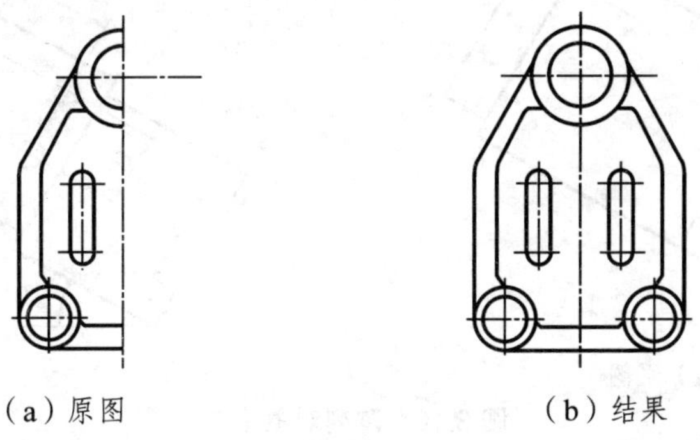

（a）原图　（b）结果

图 3.15　镜像操作（一）

【练习 3.13】　打开习题文件“DWG\第 3 章\EX3.14.dwg”，如图 3.16（a）所示。用“镜像”命令对原图进行镜像操作，结果如图 3.16（b）所示。（提示：如果镜像时文字不想反向，输入“Mirrtext”，设置值为 0 即可）。

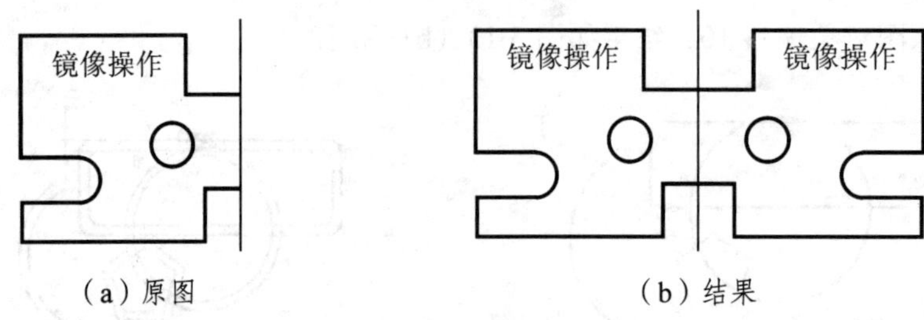

（a）原图　　（b）结果

图 3.16　镜像操作（二）

3.7　阵列对象

【练习 3.14】　打开习题文件“DWG\第 3 章EX3.15.dwg”，如图 3.17（a）所示。用“阵列”命令对原图进行阵列操作，结果如图 3.17（b）所示。

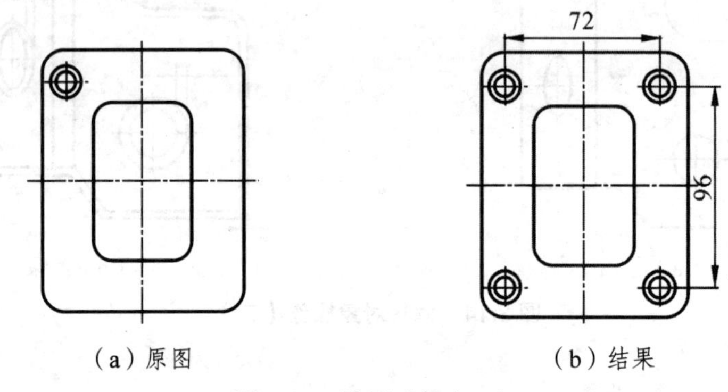

（a）原图　　（b）结果

图 3.17　阵列对象（一）

【练习 3.15】　打开习题文件“DWG\第 3 章\EX3.16.dwg”，如图 3.18（a）所示。用“阵列”命令对原图进行阵列操作，结果如图 3.18（b）所示。

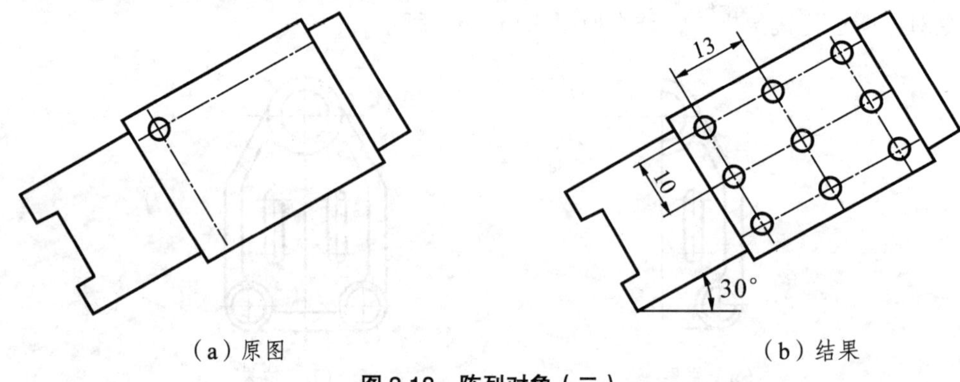

（a）原图　　（b）结果

图 3.18　阵列对象（二）

【练习 3.16】　试用“路径阵列”命令绘制如图 3.19 所示的图形。

操作提示：

（1）绘制源对象（梯形）；

（2）绘制样条曲线（路径）；

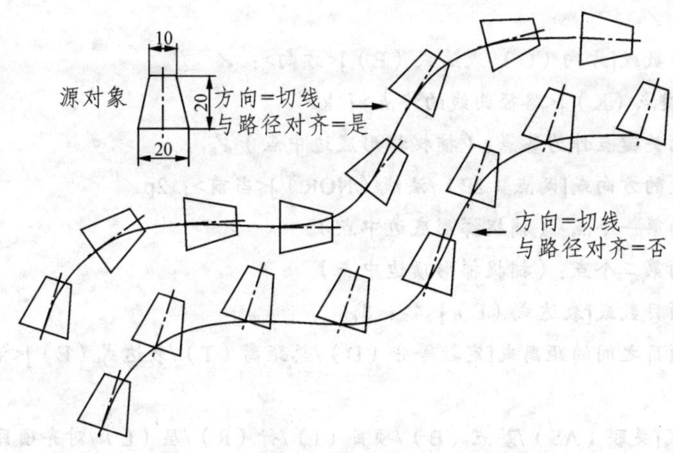

图 3.19　路径阵列

(3) 路径阵列（方向＝切线，与路径对齐＝是）；

单击[常用]选项卡｜[修改]面板｜[路径阵列]按钮：

命令：_arraypath

选择对象：指定对角点：找到 5 个（选择梯形和中心线）

选择对象：↙

类型=路径　　关联=是

选择路径曲线：（选择样条曲线）

输入沿路径的项数或[方向（O）/表达式（E）]<方向>：↙

指定基点或[关键点（K）]<路径曲线的终点>：k↙

指定源对象上的关键点作为基点：（捕捉梯形底边中点）

指定与路径一致的方向或[两点（2P）/法线（NOR）]<当前>：2p↙

指定方向矢量的第一个点：（捕捉梯形底边中点）

指定方向矢量的第二个点：（捕捉梯形顶边中点）

输入沿路径的项目数或[表达式（E）]<4>：8↙

指定沿路径的项目之间的距离或[定数等分（D）/总距离（T）/表达式（E）]<沿路径平均定数等分（D）>：↙

按Enter键接受或[关联（AS）/基点（B）/项目（I）/行（R）/层（L）/对齐项目（A）/Z方向（Z）/退出（X）]<退出>：A↙

是否将阵列项目与路径对齐？[是（Y）/否（N）]<是>：↙

按Enter键接受或[关联（AS）/基点（B）/项目（I）/行（R）/层（L）/对齐项目（A）/Z 方向（Z）/退出（X）]<退出>：↙

(4) 路径阵列（方向＝切线，与路径对齐＝否）；

单击[常用]｜[修改]｜[路径阵列]按钮：

命令：_arraypath

选择对象：指定对角点：找到 5 个

选择对象：↙

类型=路径　　关联=是

选择路径曲线：↙

输入沿路径的项数或[方向（O）/表达式（E）]<方向>：↙

指定基点或[关键点（K）]<路径曲线的终点>：k↙

指定源对象上的关键点作为基点：（捕捉梯形底边中点）↙

指定与路径一致的方向或[两点（2P）/法线（NOR）]<当前>：2p↙

指定方向矢量的第一个点：（捕捉梯形底边中点）

指定方向矢量的第二个点：（捕捉梯形顶边中点）

输入沿路径的项目数或[表达式（E）]<4>：8↙

指定沿路径的项目之间的距离或[定数等分（D）/总距离（T）/表达式（E）]<沿路径平均定数等分（D）>：↙

按Enter键接受或[关联（AS）/基点（B）/项目（I）/行（R）/层（L）/对齐项目（A）/Z方向（Z）/退出（X）]<退出>：A↙

是否将阵列项目与路径对齐？[是（Y）/否（N）]<是>：N↙

按Enter键接受或[关联（AS）/基点（B）/项目（I）/行（R）/层（L）/对齐项目（A）/Z方向（Z）/退出（X）]<退出>：↙

【练习 3.17】 试用“环形阵列”命令绘制如图 3.20 所示的图形。

操作提示：

（1）绘制中心线和 φ50 圆；

（2）绘制阵列对象 1：R5 圆；

（3）环形阵列R5 圆；

单击[常用]选项卡 | [修改]面板 | [环形阵列]按钮：

命令：_arraypath

选择对象：（选择R5 圆）找到 1 个

选择对象：↙

类型=极轴　关联=是

指定阵列的中心点或[基点（B）/旋转轴（A）]：（捕捉 φ50 圆心）↙

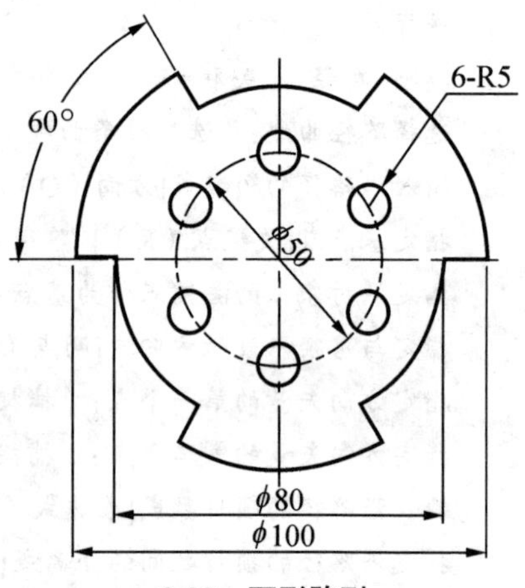

3.20 环形阵列

输入项目数或[项目间角度（A）/表达式（E）]<4>：6↙

指定填充角度（+=逆时针，-=顺时针）或[表达式（EX）]<360d0'>：↙

按Enter键接受或[关联（AS）/基点（B）/项目（I）/项目间角度（A）/填充角度（F）/行（ROW）/层（L）/旋转项目（ROT）/退出（X）]↙

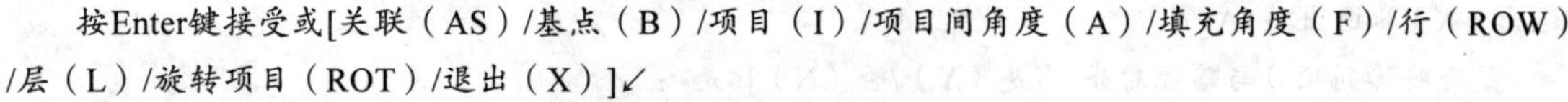

（4）绘制阵列对象 2：直线和圆弧的组合图形；

① 绘制直线。单击[常用] | [绘图] | [直线]按钮：

命令：_line 指定第一点：（捕捉 φ50 圆心，向右水平追踪）40↙

指定下一点或[放弃（U）]：@10，0↙

指定下一点或[放弃（U）]：↙

② 绘制圆弧（起点、圆心、角度）。单击[常用] | [绘图] | [起点，圆心，角度]按钮：

命令：_arc指定圆弧的起点或[圆心（C）]：（捕捉直线端点）

指定圆弧的第二个点或[圆心（C）/端点（E）]：_c指定圆弧的圆心：（捕捉 φ50 圆心）

指定圆弧的端点或[角度（A）/弦长（L）]：_a指定包含角：60↙

③ 绘制直线。单击[常用] | [绘图] | [直线]按钮：

命令：_line指定第一点：（捕捉圆弧端点）

指定下一点或[放弃（U）]：@10<240↙

指定下一点或[放弃（U）]：↙

④ 绘制圆弧（起点、圆心、角度）。单击[常用] | [绘图] | [起点，圆心，角度]按钮：

命令：_arc指定圆弧的起点或[圆心（C）]：（捕捉直线端点）

指定圆弧的第二个点或[圆心（C）/端点（E）]：_c指定圆弧的圆心：（捕捉 ϕ50 圆心）

指定圆弧的端点或[角度（A）/弦长（L）]：_a指定包含角：60↙

（5）环形阵列直线和圆弧的组合图形；

单击[常用] | [修改] | [环形阵列]按钮：

命令：_arraypolar

选择对象：（选择直线和圆弧的组合图形）指定对角点：找到 4 个

选择对象：↙

类型=极轴　关联=是

指定阵列的中心点或[基点（B）/旋转轴（A）]：（捕捉 ϕ50 圆心）↙

输入项目数或[项目间角度（A）/表达式（E）]<2>：3

指定填充角度（+=逆时针、-=顺时针）或[表达式（EX）]<360d0'>：↙

按Enter键接受或[关联（AS）/基点（B）/项目（I）/项目间角度（A）/填充角度（F）/行（ROW）/层（L）/旋转项目（ROT）/退出（X）]↙

【练习 3.18】　打开习题文件“DWG\第 3 章\EX3.17.dwg”，如图 3.21 (a) 所示。用“阵列”命令对原图进行阵列操作，结果如图 3.21 (b) 所示。(体会两次环形阵列的不同 ——[旋转项目])。

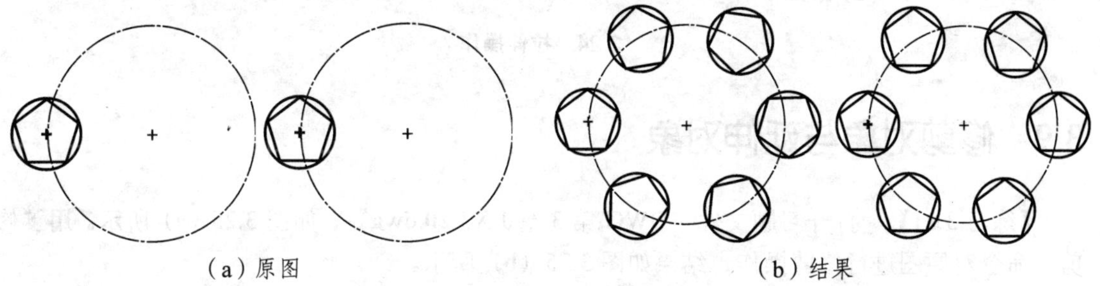

（a）原图　　（b）结果

图 3.21　环形阵列

3.8　拉伸对象

【练习 3.19】　打开习题文件“DWG\第 3 章\EX3.18.dwg”，如图 3.22（a）所示。用“拉伸”命令对原图进行拉伸操作，结果如图 3.22（b）所示。

➢　注意：选择拉伸对象时只能用“窗交选择”；选择范围需精准，如图 3.23 所示。

【练习 3.20】　打开习题文件“DWG\第 3 章\EX3.19.dwg”，如图 3.24（a）所示。用“拉伸”命令对原图进行拉伸操作，结果如图 3.24（b）所示。

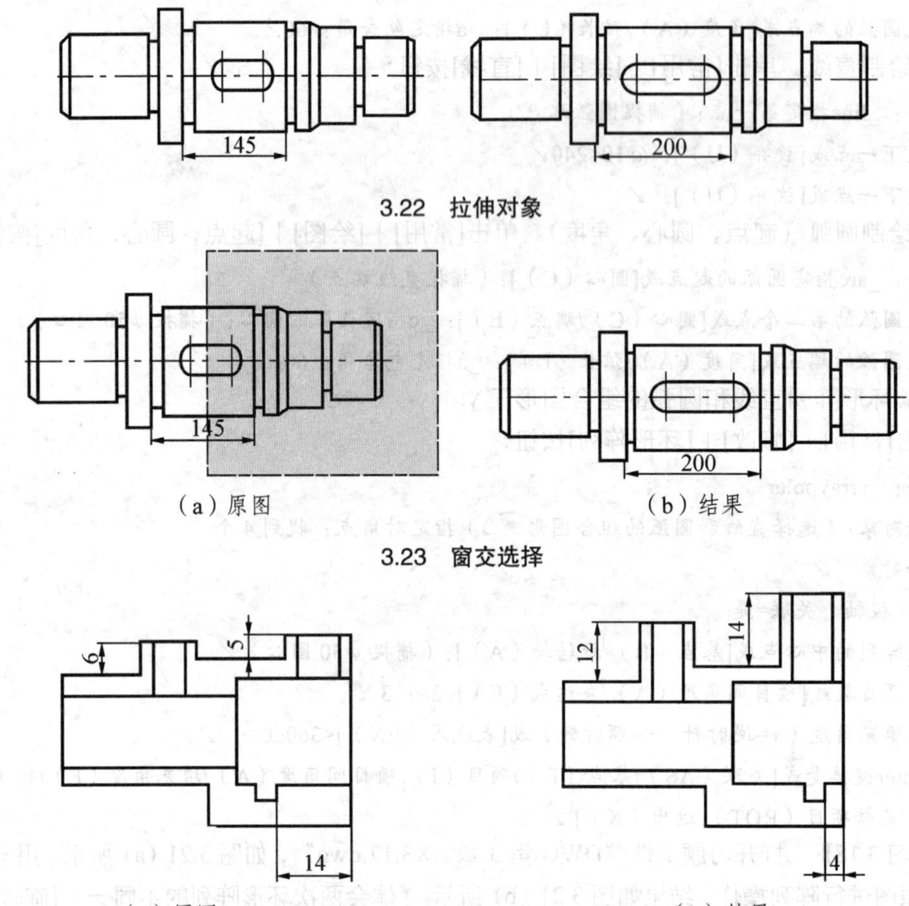

3.22　拉伸对象

（a）原图　（b）结果

3.23　窗交选择

（a）原图　（b）结果

3.24　拉伸操作

3.9　修剪对象与延伸对象

【练习 3.21】　打开习题文件“DWG\第 3 章\EX3.20.dwg”，如图 3.25（a）所示。用“修剪”命令对原图进行修剪操作，结果如图 3.25（b）所示。

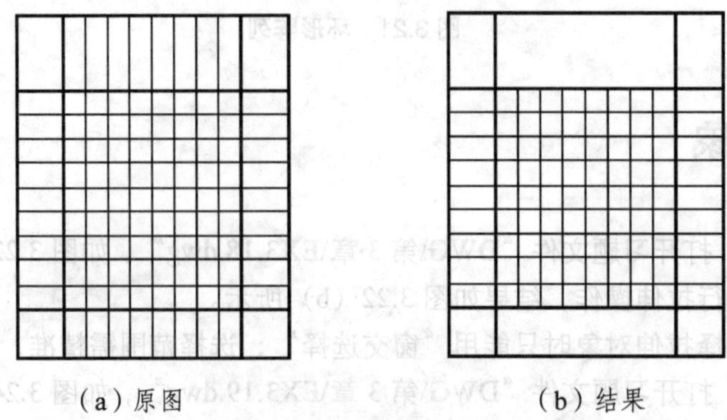

（a）原图　（b）结果

图 3.25　修剪操作（一）

【练习 3.22】　打开习题文件“DWG\第 3 章EX3.21.dwg”，如图 3.26（a）所示。用“修剪”命令对原图进行修剪操作，结果如图 3.26（b）所示。

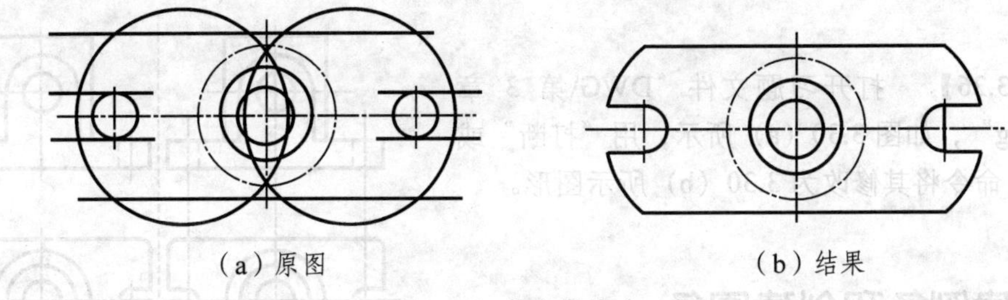

（a）原图　　（b）结果

图 3.26　修剪操作（二）

【练习 3.23】　打开习题文件“DWG\第 3 章EX3.22.dwg”，如图 3.27（a）所示。用“延伸”命令对原图进行延伸操作，结果如图 3.27（b）所示。

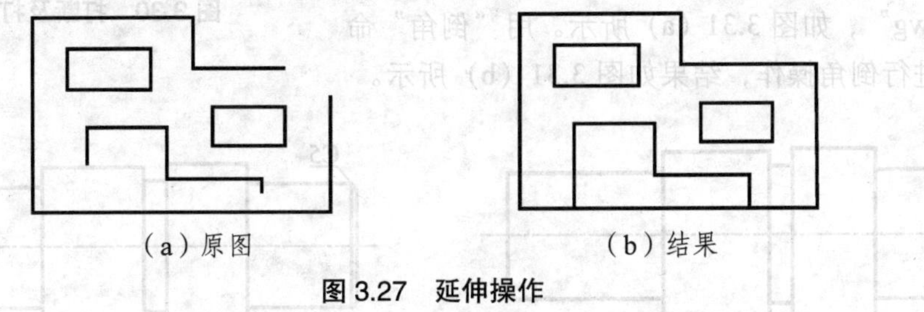

（a）原图　　（b）结果

图 3.27　延伸操作

【练习 3.24】　打开习题文件“DWG\第 3 章\EX3.23.dwg”，如图 3.28（a）所示。用“延伸”及“修剪”命令对原图进行延伸操作，结果如图 3.28（b）所示。

（a）原图　　（b）结果

图 3.28　修剪及延伸操作

【练习 3.25】　打开习题文件“DWG\第 3 章\EX3.24.dwg”，如图 3.29（a）所示。用“修剪”和“延伸”命令对原图进行处理，结果如图 3.29（b）所示。

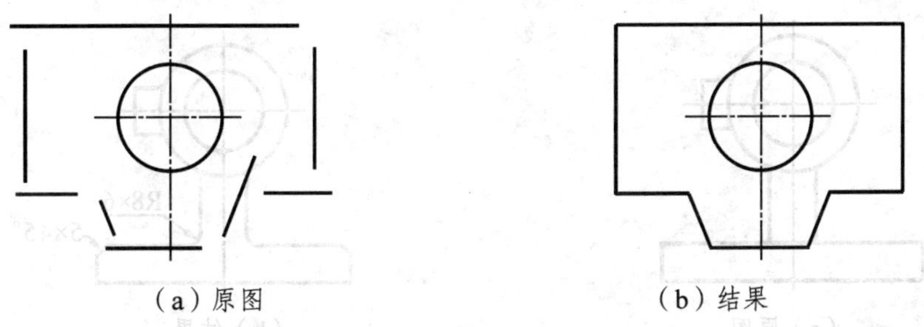

（a）原图　　（b）结果

图 3.29　修剪及延伸操作

3.10 打断和打断与点对象

【练习 3.26】 打开习题文件“DWG\第 3 章\EX3.25. dwg”，如图 3.30（a）所示，用“打断”或“打断与点”命令将其修改为 3.30（b）所示图形。

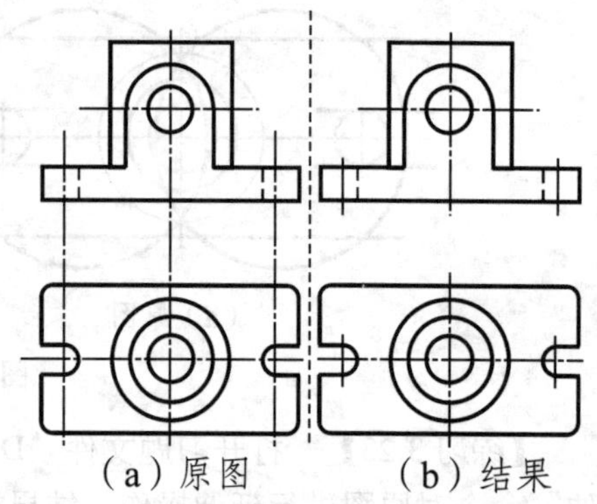

（a）原图 （b）结果

图 3.30 打断及打断与点操作

3.11 创建倒角和创建圆角

【练习 3.27】 打开习题文件“DWG\第 3 章\EX3.26. dwg”，如图 3.31（a）所示。用“倒角”命令对原图进行倒角操作，结果如图 3.31（b）所示。

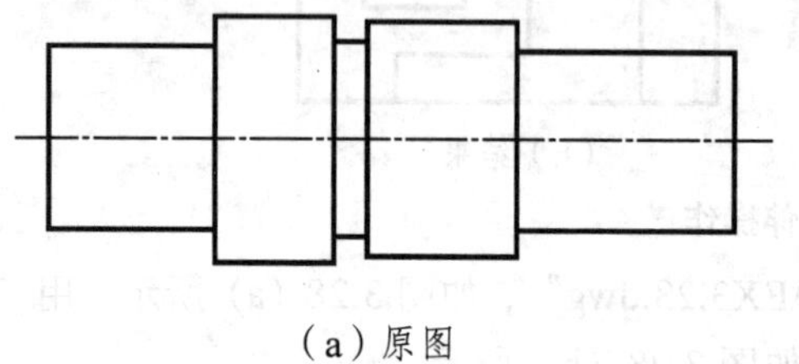

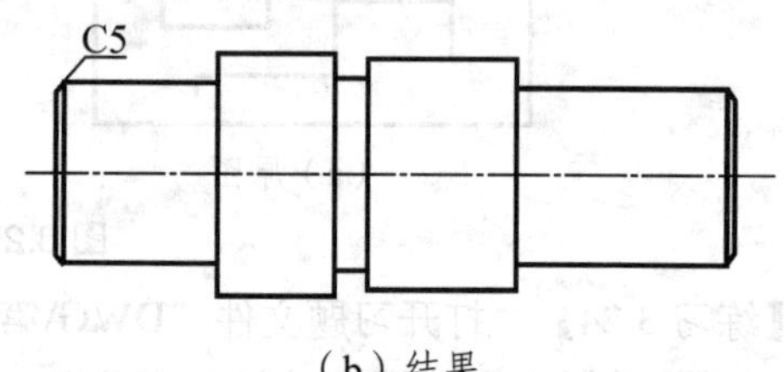

（a）原图 （b）结果

图 3.31 创建倒角

【练习 3.28】 打开习题文件“DWG\第 3 章\EX3.27.dwg”，如图 3.32（a）所示。用“圆角”命令对原图进行圆角操作，结果如图 3.32（b）所示。

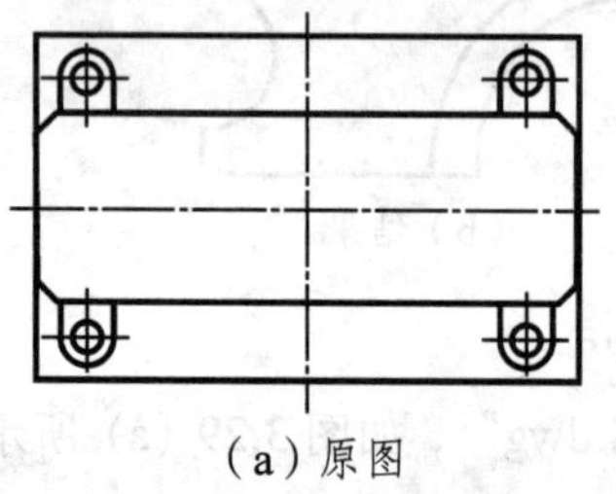

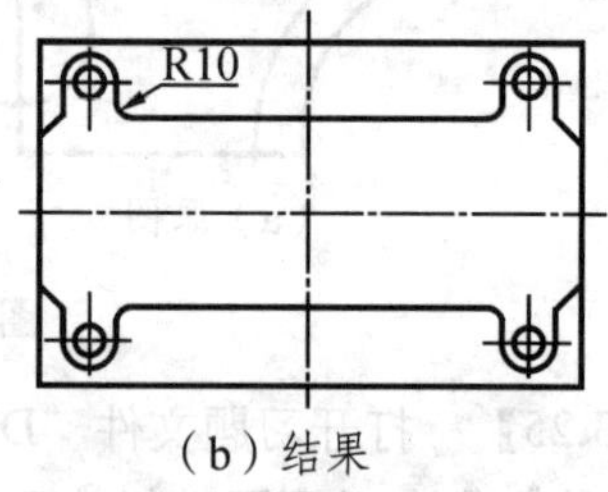

（a）原图 （b）结果

图 3.32 创建圆角

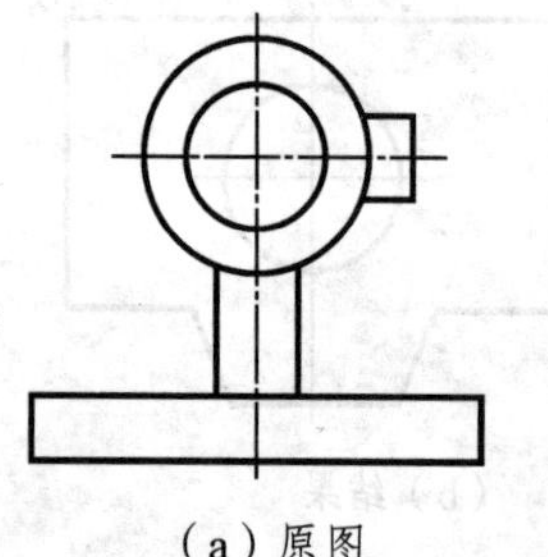

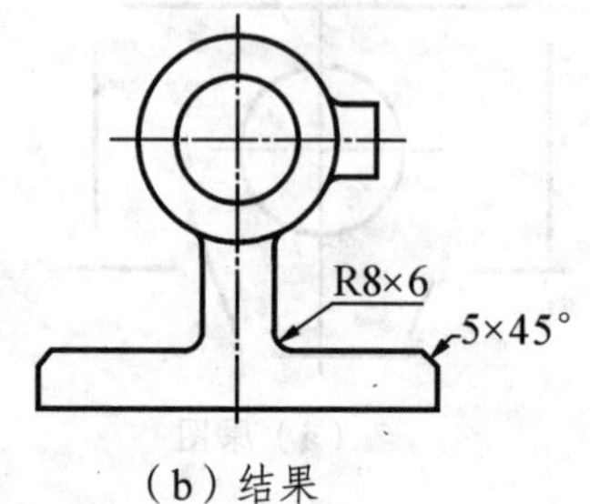

（a）原图 （b）结果

图 3.33 创建圆角与倒角

【练习 3.29】　打开习题文件“DWG\第 3 章\EX3.28.dwg”，如图 3.33（a）所示。对原图进行倒角和圆角操作，结果如图 3.33（b）所示。

3.12　夹点编辑对象功能

【练习 3.30】　打开习题文件“DWG\第 3 章\EX3.29.dwg”，如图 3.34（a）所示。对原图进行夹点编辑，结果如图 3.34（b）所示。

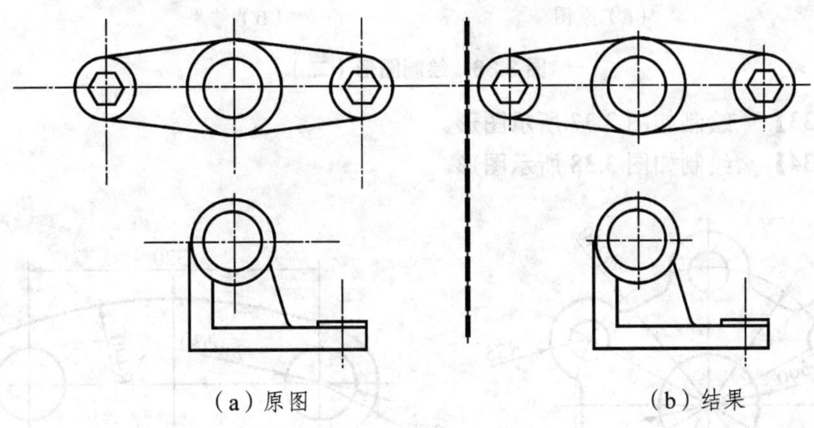

图 3.34　夹点编辑

3.13　综合练习

【练习 3.31】　打开习题文件“DWG\第 3 章\EX3.30.dwg”，如图 3.35（a）所示。试用本章讲述的各种命令对原图进行编辑，结果如图 3.35（b）所示。

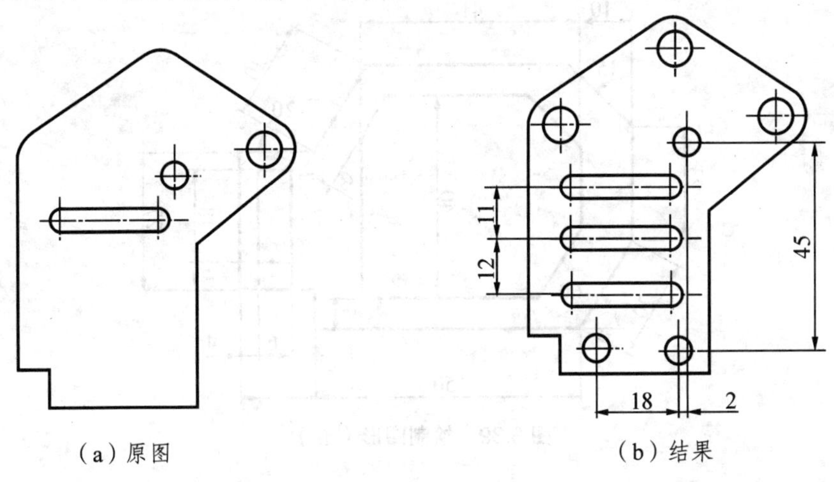

图 3.35　绘制图形（一）

【练习 3.32】　打开习题文件“DWG\第 3 章\EX3.31.dwg”，如图 3.36（a）所示。试用本章讲述的各种命令对原图进行编辑，结果如图 3.36（b）所示。

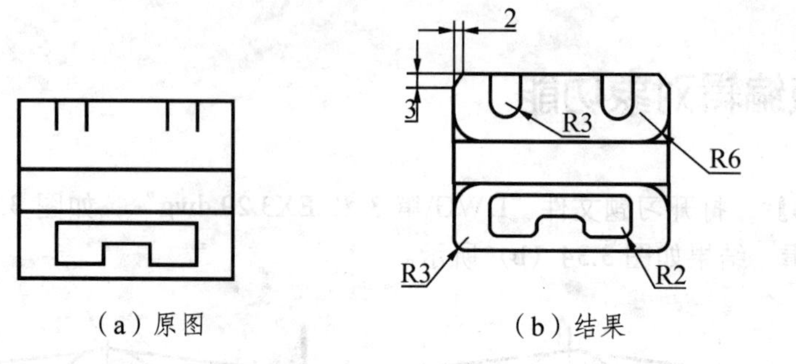

（a）原图　　（b）结果

图 3.36　绘制图形（二）

【练习 3.33】　绘制如图 3.37 所示图形。

【练习 3.34】　绘制如图 3.38 所示图形。

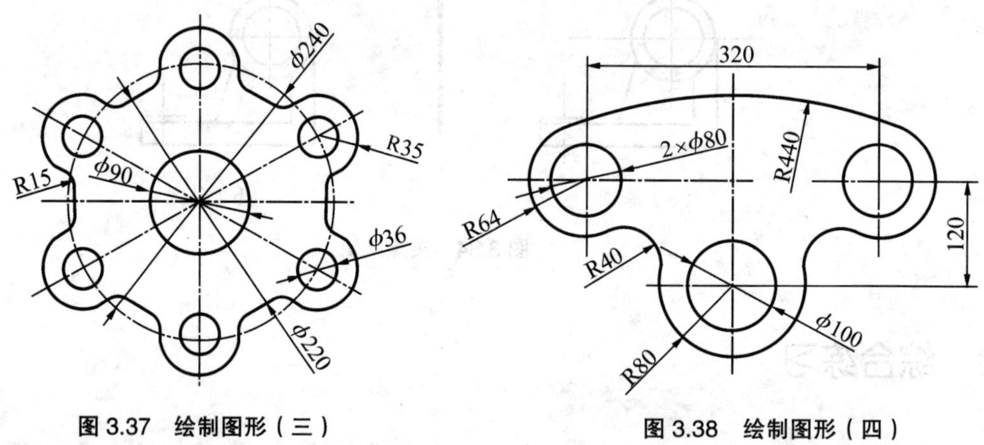

图 3.37　绘制图形（三）　　图 3.38　绘制图形（四）

【练习 3.35】绘制如图 3.39 所示图形。

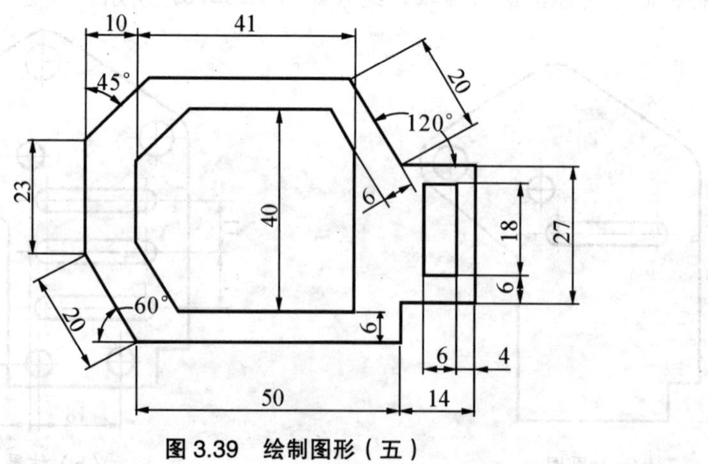

图 3.39　绘制图形（五）

第 4 章　线型、线宽、颜色及图层

4.1　图层的建立

【练习 4.1】　打开习题文件“DWG\第 4 章\EX4.1.dwg”，在文件中按照表 4.1 内容新建图层。

表 4.1　图层设置要求

图 层 名 称	颜 色	线 形	线 宽
尺寸线	蓝	Continuous（默认）	默认
粗实线	白（默认）	Continuous	0.35
点画线	红	CENTER	默认
辅助线	绿	Continuous	默认
双点画线	洋红	DIVIDE	默认
文字	绿色	Continuous	默认
细实线	蓝色	Continuous	默认
虚线	黄	DASHED	默认

操作提示：

(1) 单击“图层”工具栏的（图层特性）按钮，弹出图层特性管理器，如图 4.1 所示。

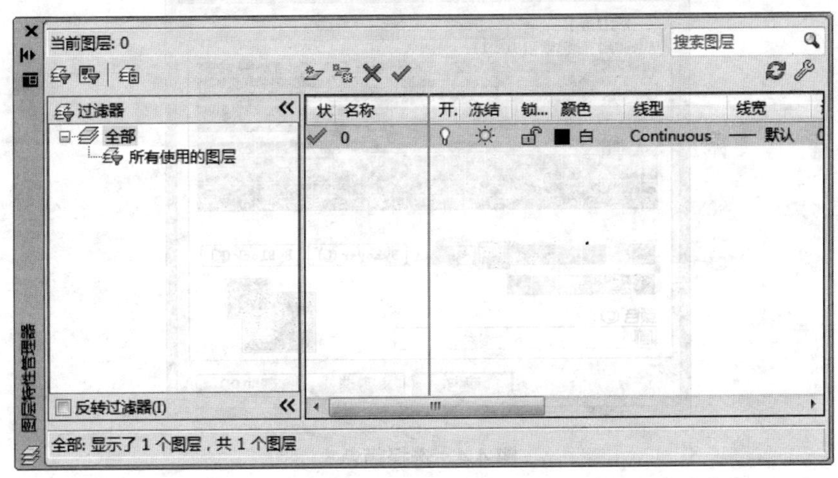

图 4.1　图层特性管理器

(2) 单击新建图层按钮，按照表 4.1 的要求新建多个图层，如图 4.2 所示。

(3) 选择某一图层后，右键选择“重命名图层”，更改图层名称，如图 4.3 所示。

(4) 单击该图层的“颜色”列，弹出选择颜色窗口，按要求选择颜色，如图 4.4 所示。

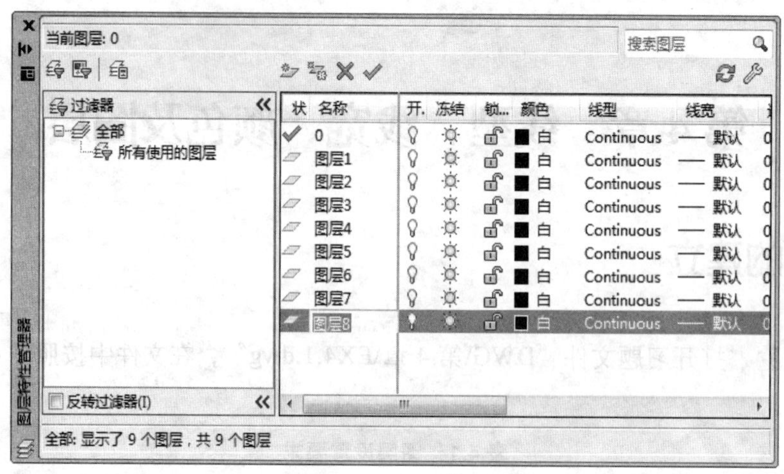

图 4.2　新建图层

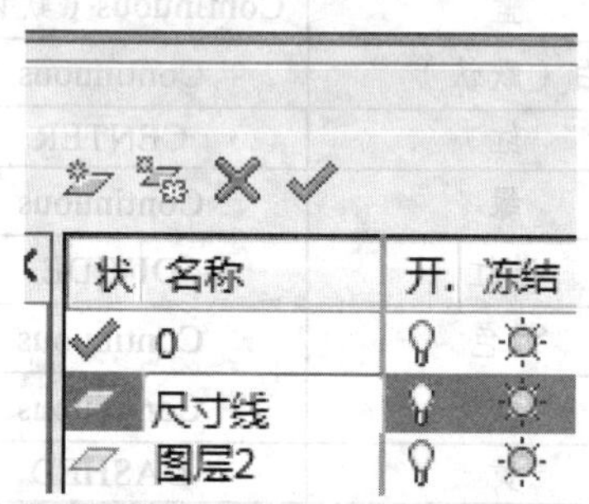

图 4.3　更改图层名称

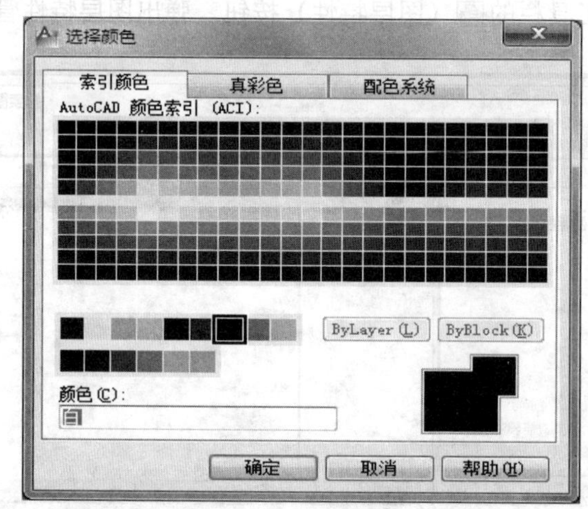

图 4.4　选择颜色

（5）单击该图层的“线型”列，弹出“选择线型”对话框，如图 4.5 所示。

在图 4.5 所示对话框中，默认只有一个线型，可根据需要加载线型。单击[加载]按钮，出现“加载或重载线型”对话框，如图 4.6 所示。选择需要的线型并加载到选择线型对话框，然后再进行选择、确定即可。

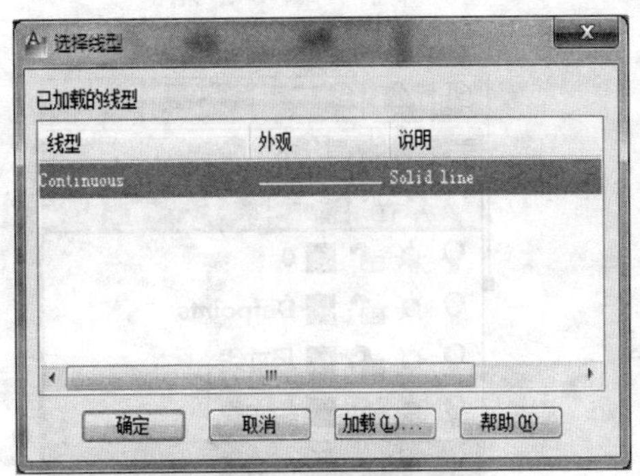
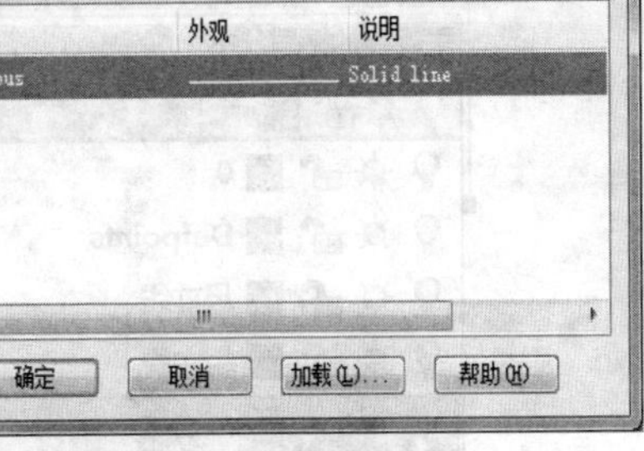

图 4.5　选择线型

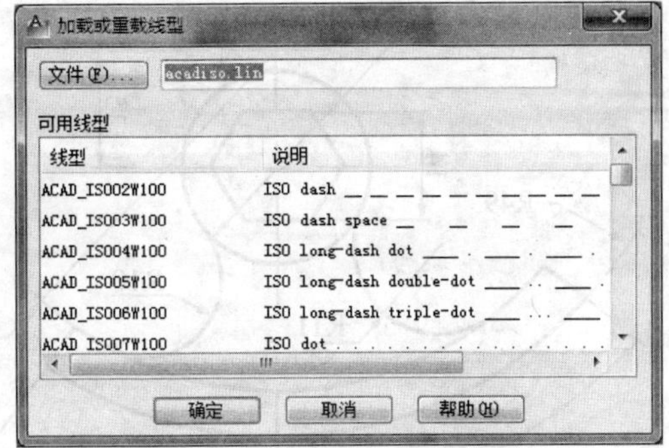

图 4.6　加载需要的其他线型

(6) 需要更改线宽的图层，单击“线宽”列，出现线宽窗口，选择合适线宽，如图 4.7 所示。(粗实线改为 0.35 mm，其余默认设置)

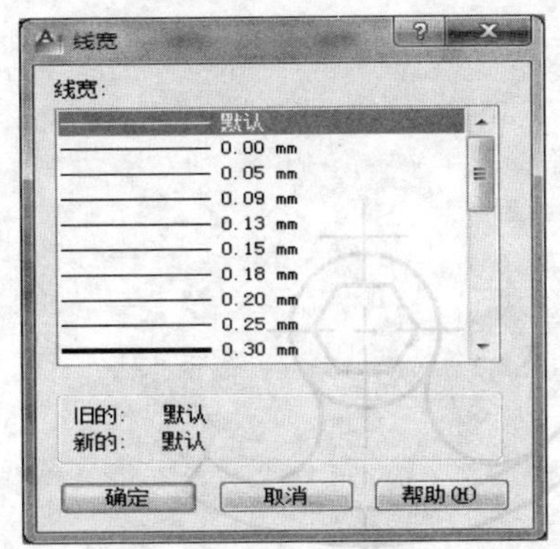

图 4.7　选择线宽

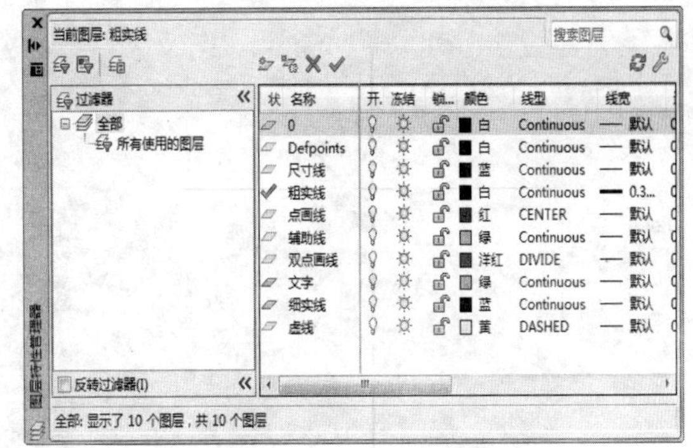

图 4.8　设置图层

(7) 按照要求，继续编辑、修改其他图层相应内容，方法同上，完成表 4.1 的要求。结果如图 4.8 所示。

4.2　图层使用及管理

【练习 4.2】　新建图形文件，并按照表 4.1 要求创建好图层，然后按照要求绘制如图 4.9 所示图形。

操作提示：

首先，在图层区域单击“图层”下拉条，选择中心线图层，如图 4.10 所示。

然后，在中心线图层绘制出中心线，进行尺寸定位，如图 4.11 所示。

最后，再选择“粗实线”图层，绘制轮廓线，并修改完成，如图 4.12 所示。

4.3　综合练习

【练习 4.3】　按照要求绘制如图 4.13 所示图形。

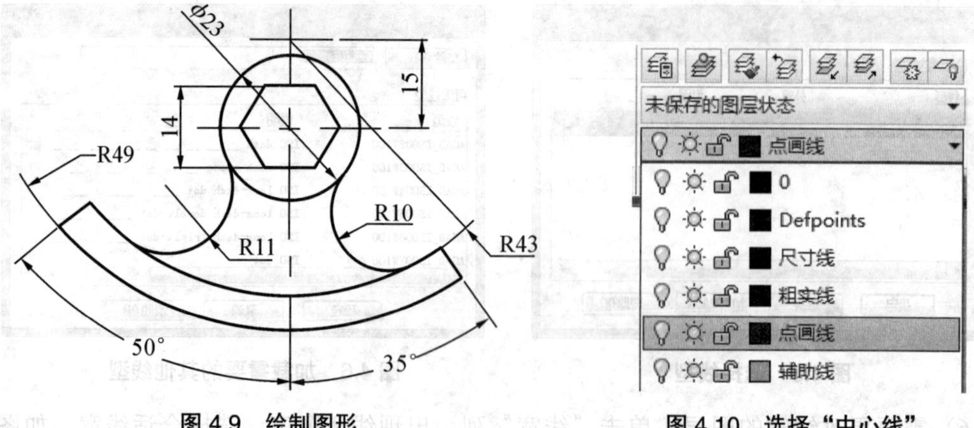

图 4.9　绘制图形　　　　**图 4.10　选择“中心线”**

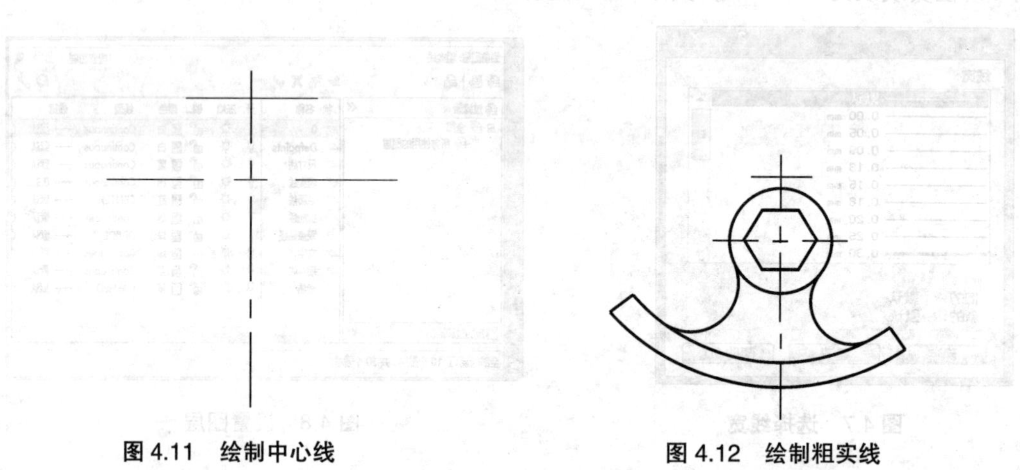

图 4.11　绘制中心线　　　　**图 4.12　绘制粗实线**

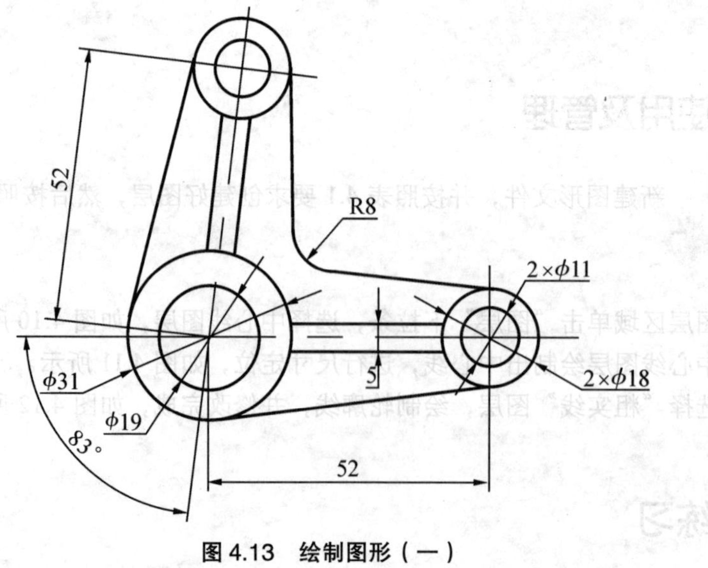

图 4.13　绘制图形（一）

【练习 4.4】　按照要求绘制如图 4.14 所示图形。

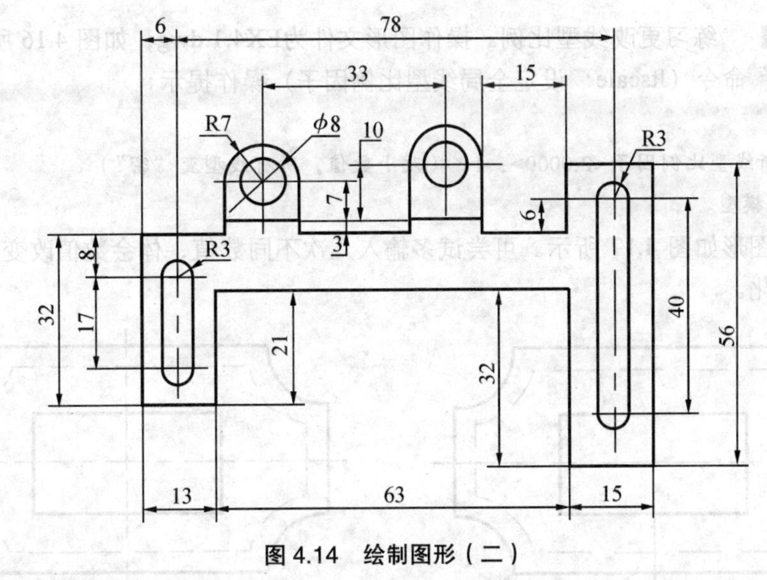

图 4.14　绘制图形（二）

【练习 4.5】按照要求绘制如图 4.15 所示主视、俯视两视图。（提示：两视图可以用绘制构造线作辅助线方法对齐相应尺寸）。

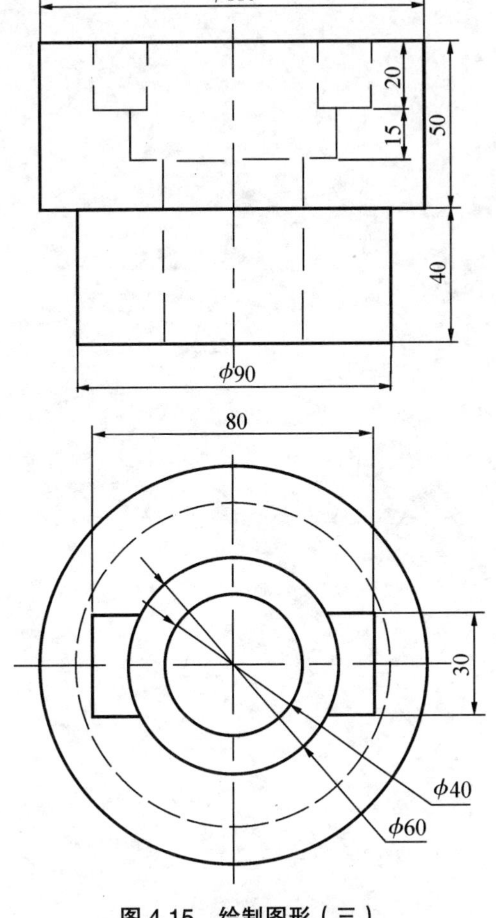

图 4.15　绘制图形（三）

【练习 4.6】 练习更改线型比例。操作图形文件为EX4.1.dwg，如图 4.16 所示。

使用“lts”命令（ltscale：设定全局线型比例因子）操作提示：

```
命令：_lts
ltscale输入新线型比例因子<2.0000>：1↙（改小数值，所有线型变“密”）
正在重生成模型。
```

修改后的图形如图 4.17 所示。可尝试多输入几次不同数值，体会数值改变时，图中虚线和点画线的变化。

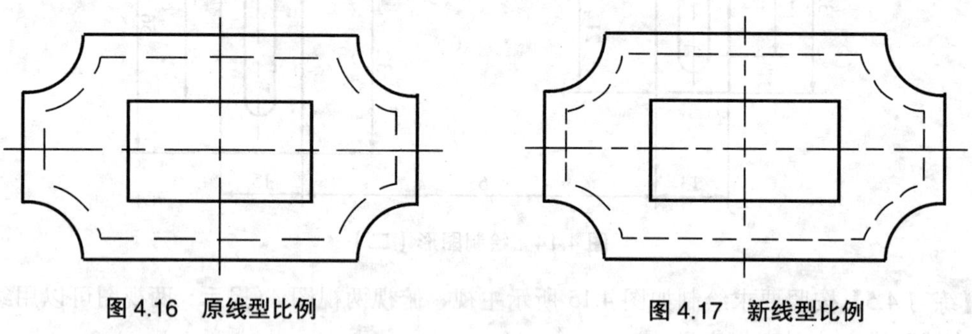

图 4.16 原线型比例　　图 4.17 新线型比例

第 5 章　控制图形显示、精确绘图

5.1　图形显示、缩放和移动

本节主要练习使用图形缩放工具和显示移动功能。

【练习 5.1】　打开C：\Program Files\Autodesk\AutoCAD 2012－Simplified Chinese\ Sample \Sheet Sets\Manufacturing\VW252-03-1200.dwg文件（或EX5.1.dwg），如图 5.1 所示，体验图形缩放工具和显示移动功能。

操作提示：

单击功能面板 视图 后，将在功能面板左侧出现二维导航区域，然后进行以下操作并观察：

（1）单击二维导航内的[范围]按钮，观察缩放结果，如图 5.2 所示。

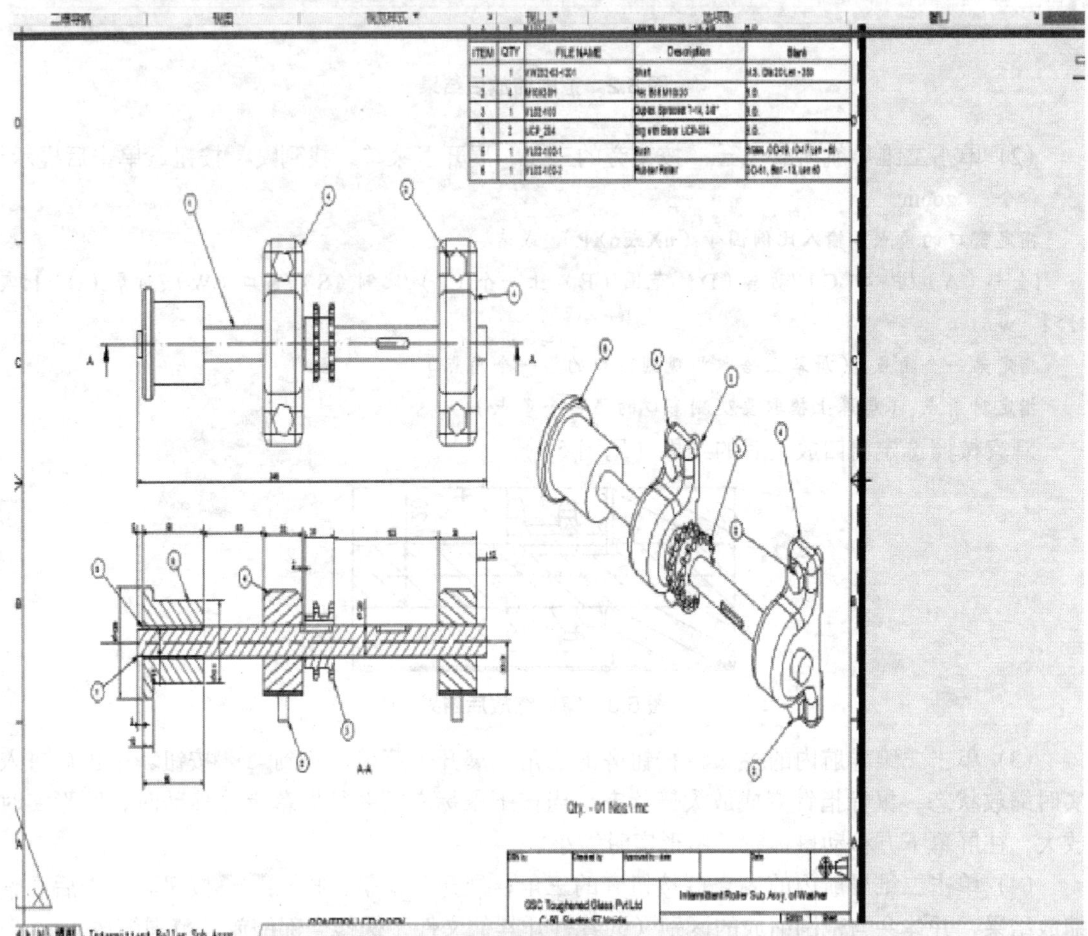

图 5.1　缩放前原图

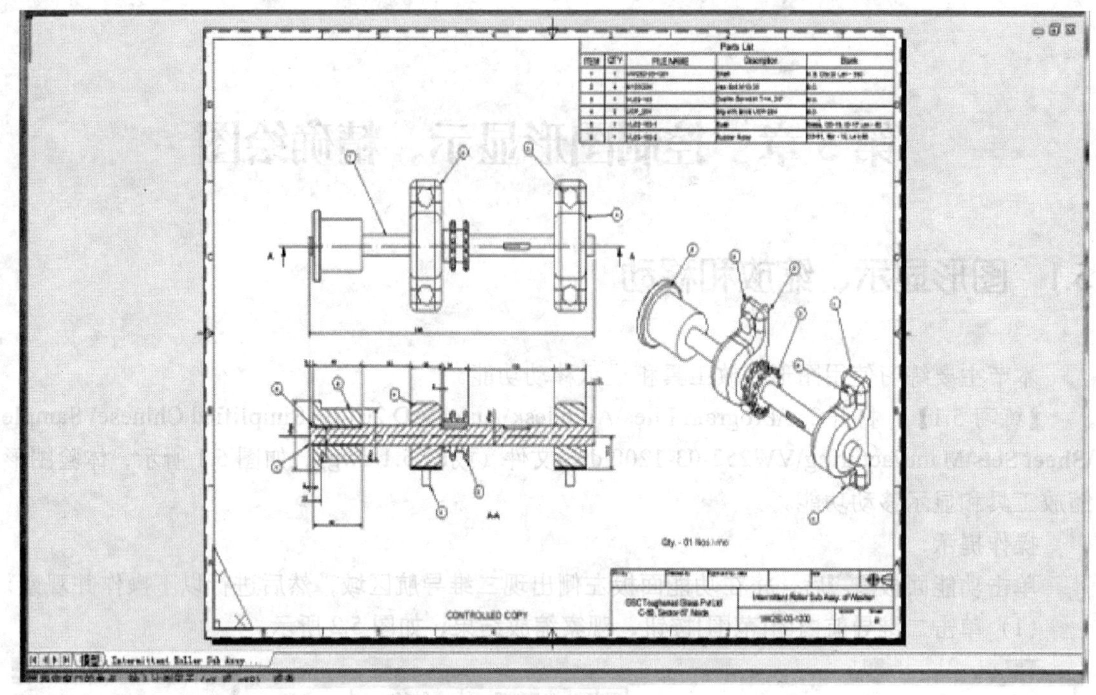

图 5.2　范围缩放后结果

（2）单击二维导航内的 范围 按钮旁的三角，展开子菜单，找到 窗口 按钮，单击后提示：

命令：_zoom

指定窗口的角点，输入比例因子（nX或nXP），或者

[全部（A）/中心（C）/动态（D）/范围（E）/上一个（P）/比例（S）/窗口（W）/对象（O）]<实时>：_w

指定第一个角点：（屏幕上拾取要观测窗口的第一个角点）

指定对角点：（屏幕上拾取要观测窗口的另一个角点）

观察按照选定窗口放大后的结果（见图 5.3）。

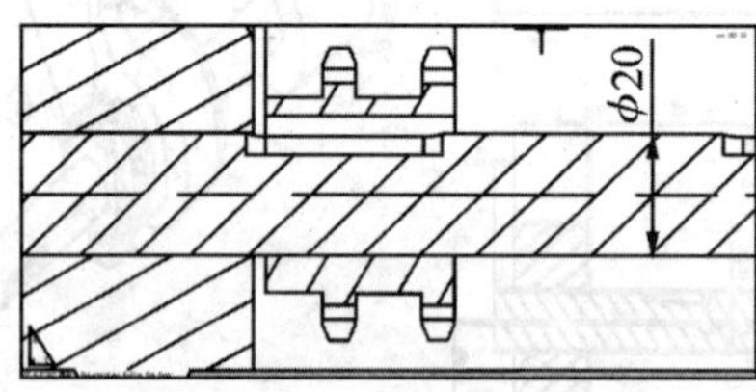

图 5.3　窗口缩放后结果

（3）单击二维导航内的 范围 按钮旁的三角，展开子菜单，找到 实时 按钮。单击后进入实时缩放状态，鼠标指针变成放大镜状态：当按下鼠标左键并往屏幕上方移动时，图形实时放大；往屏幕下方移动鼠标时，图形实时缩小。

（4）单击二维导航内的 范围 按钮旁的三角，展开子菜单，找到 全部 按钮。单击后观察缩放结果，并体会与范围缩放的区别（试着打开其他文件，操作全部缩放、范围缩放）。

（5）单击二维导航内的 范围 按钮旁的三角，展开子菜单，找到 动态 按钮。此时窗口出

现动态框线，中间有X形标记，如图 5.4 所示。单击鼠标出现右侧→，移动鼠标调整动态线框大小，大小合适时再次单击鼠标，移动窗口到要缩放位置，回车，即可观测结果。

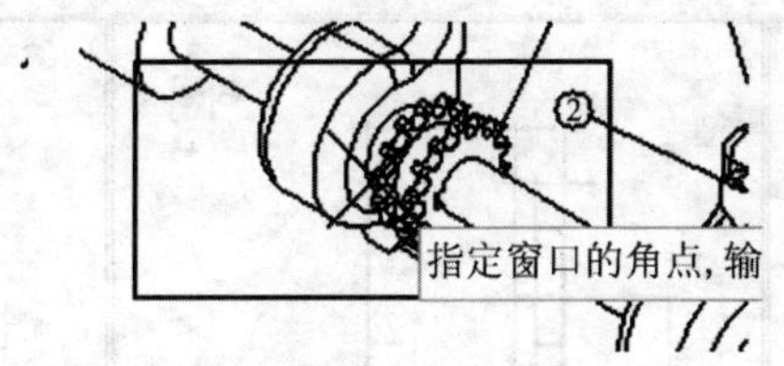

图 5.4　动态缩放

（6）单击二维导航内的 范围 · 按钮旁的三角，展开子菜单，找到 比例 按钮。单击后显示：

命令：_u'zoom group

命令：'_zoom

指定窗口的角点，输入比例因子（nX或nXP），或者

[全部（A）/中心（C）/动态（D）/范围（E）/上一个（P）/比例（S）/窗口（W）/对象（O）] <实时>：_s

输入比例因子（nX或nXP）：　2↙

可多次输入不同比例，比较结果。

（7）单击二维导航内的 范围 · 按钮旁的三角，展开子菜单，找到 圆中 按钮。单击后显示：

命令：'_zoom

指定窗口的角点，输入比例因子（nX或nXP），或者

[全部（A）/中心（C）/动态（D）/范围（E）/上一个（P）/比例（S）/窗口（W）/对象（O）]<实时>：_c

指定中心点：

输入比例或高度<148.5000>：（输入比例或高度值或鼠标确定两点距离）↙

可多次操作并体会不同结果。

（8）单击二维导航内的 范围 · 按钮旁的三角，展开子菜单，找到 对象 按钮。单击后按照提示选择一个或多个对象，回车后将以选择的对象最大化缩放显示。

（9）单击二维导航内的 范围 · 按钮旁的三角，展开子菜单，找到 放大 按钮。每次单击将以固定比例放大图形。

（10）单击二维导航内的 范围 · 按钮旁的三角，展开子菜单，找到 缩小 按钮。每次单击将以固定比例缩小图形。

5.2　使用视口

【练习 5.2】　打开习题文件“DWG\第 5 章\EX5.1.dwg”，练习视口使用方法。

操作提示：

功能面板|[视图]|[视口]|[▼]|[视口配置列表]|[三个：垂直]或单击“快速访问工具栏”|[显示菜单栏]

单击[视图]|[视口]|[新建视口]|[三个：垂直]。

激活每个视口，调整视图，如图 5.5 所示。

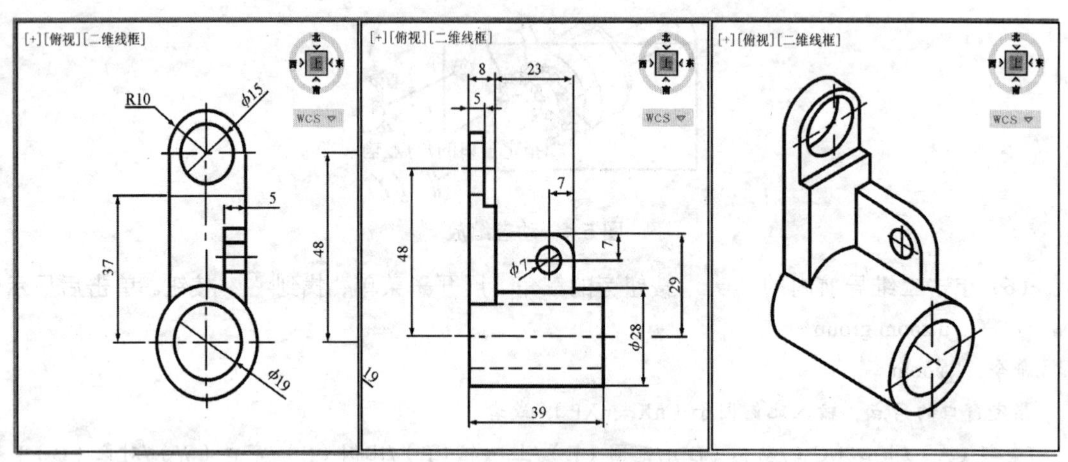

图 5.5 三个垂直视口模式

单击[视口]|[合并]，依次单击左侧、中间视口将其合并；反复操作合并剩余两个窗口恢复到原一个视口状态。

命令：_-vports

输入选项[保存（S）/恢复（R）/删除（D）/合并（J）/单一（SI）/?/2/3/4/切换（T）/模式（MO）]<3>：_j

选择主视口<当前视口>：（选择左侧视口）

选择要合并的视口：正在重生成模型。（选择中间视口）

命令：_- vports

输入选项[保存（S）/恢复（R）/删除（D）/合并（J）/单一（SI）/?/2/3/4/切换（T）/模式（MO）]<3>：_j

选择主视口<当前视口>：（选择左侧视口）

选择要合并的视口：正在重生成模型。（选择右侧视口）

5.3 正交模式

【练习 5.3】 利用正交模式绘制图 5.6 所示图形。

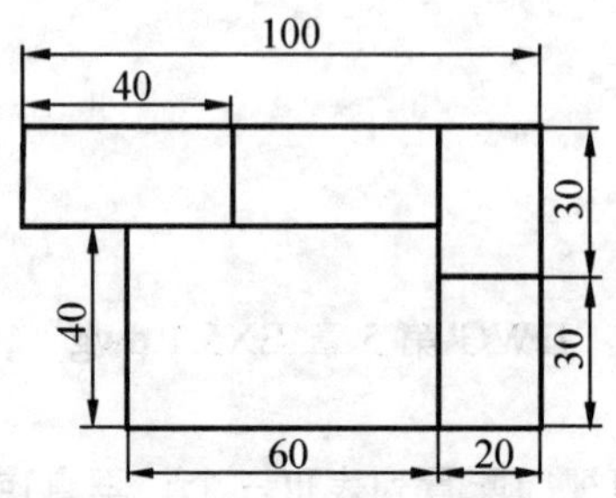

图 5.6 正交模式绘图

单击激活下方 正交模式按钮或者按下F8 键。在屏幕中拾取一点，以“正交模式”开始绘制图 5.6 所示图形。(“正交模式”下鼠标确定方向后可直接输入距离)

5.4　栅格捕捉和栅格显示

【练习 5.4】　利用栅格捕捉和栅格显示工具绘制图 5.9 所示图形。

在状态栏中，单击[栅格显示按钮] （快捷键F7），显示出栅格；再激活[捕捉模式]按钮 ，进入栅格捕捉模式（快捷键F9），在[捕捉模式]按钮上，单击右键，选择[设置]（见图 5.7），进入捕捉模式设置菜单（见图 5.8）。捕捉间距和栅格间距均设置为 10，确定后开始绘制三视图。

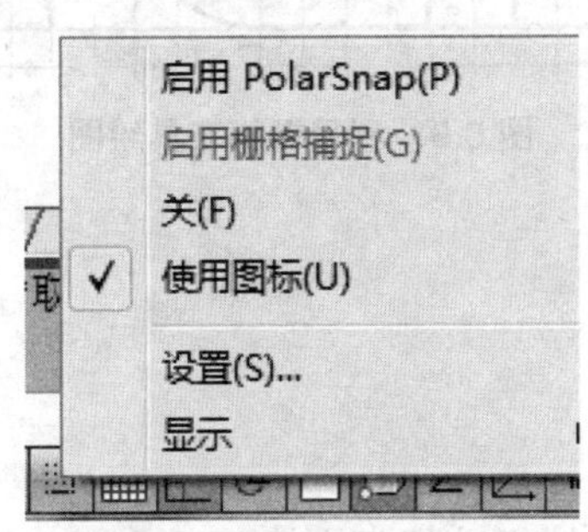

图 5.7　捕捉模式右键

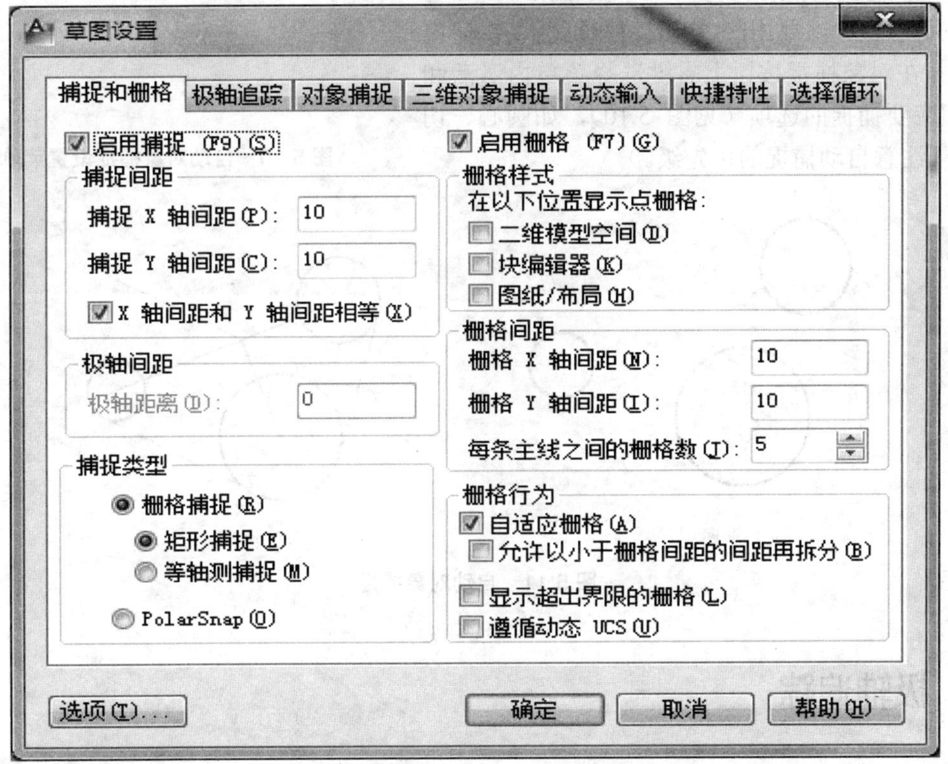

图 5.8　设置捕捉模式

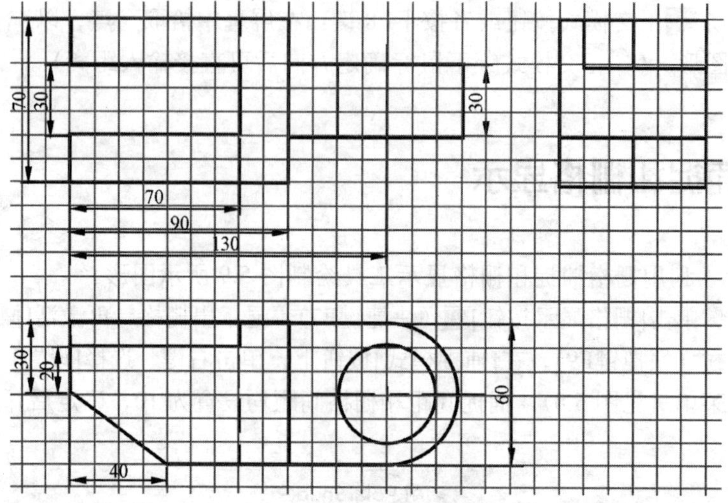

图 5.9　利用栅格工具绘图

5.5　自动对象捕捉

【练习 5.5】　利用自动对象捕捉功能把图 5.11（a）所示图形处理成图 5.11（b）所示图形。

在状态栏中，单击[对象捕捉]按钮（快捷键 F3），并在对象捕捉按钮上右键选择菜单内激活和关闭相应要捕捉的选项（见图 5.10），如圆心、切点等。（注意自动捕捉的优先级。）

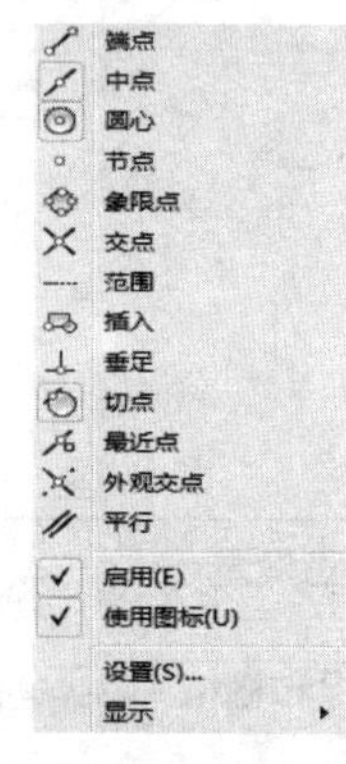

图 5.10　自动对象捕捉设置菜单

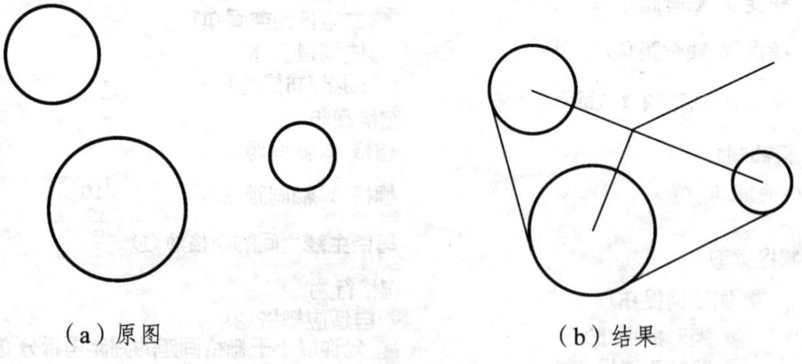

（a）原图　　（b）结果

图 5.11　自动对象捕捉

5.6　极轴追踪

【练习 5.6】　用极轴追踪方法绘制图 5.12 所示图形。

在状态栏中，单击[极轴追踪]按钮，并在按钮上右键选择[10d]（或者选择[设置]内的[增量角]为[10d]，绘制图 5.10 所示图形。

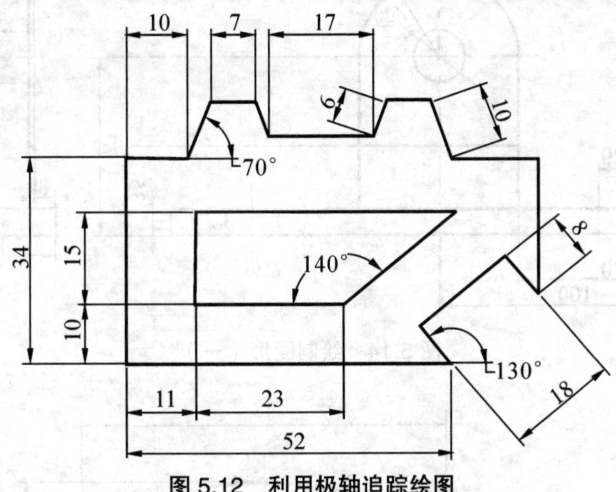

图 5.12　利用极轴追踪绘图

5.7　对象捕捉追踪

【练习 5.7】　利用对象捕捉追踪功能，绘制图 5.13 所示三视图。

在状态栏中，单击[对象捕捉追踪]按钮，首先绘制主视图，再利用对象捕捉追踪“长对正”绘制俯视图，“高平齐”、“宽相等”绘制左视图。

5.8　综合练习

【练习 5.8】　绘制图 5.14~5.20 所示图形。要求：按表 4.1 建立图层，在相应的图层中合理、灵活地运用绘图及编辑命令，完成图形绘制。

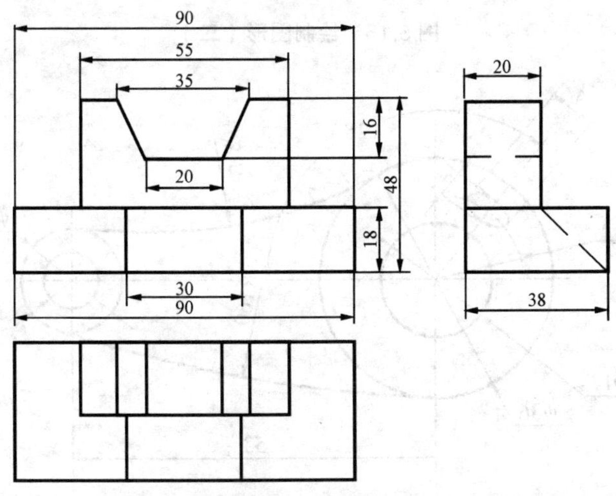

图 5.13　用对象捕捉追踪绘制三视图

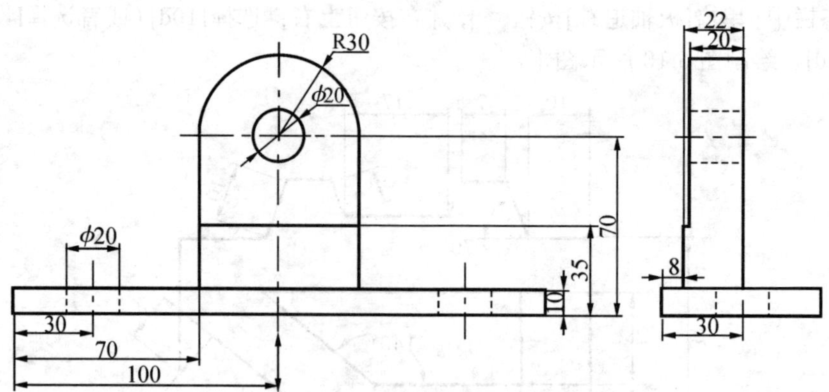

图 5.14 绘制图形（一）

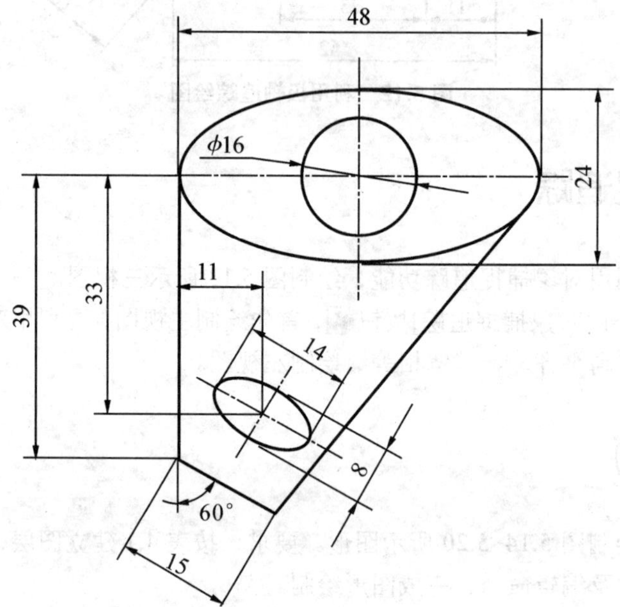

图 5.15 绘制图形（二）

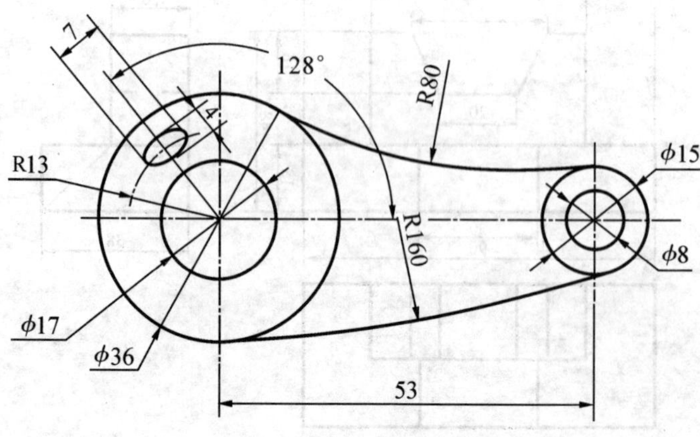

图 5.16 绘制图形（三）

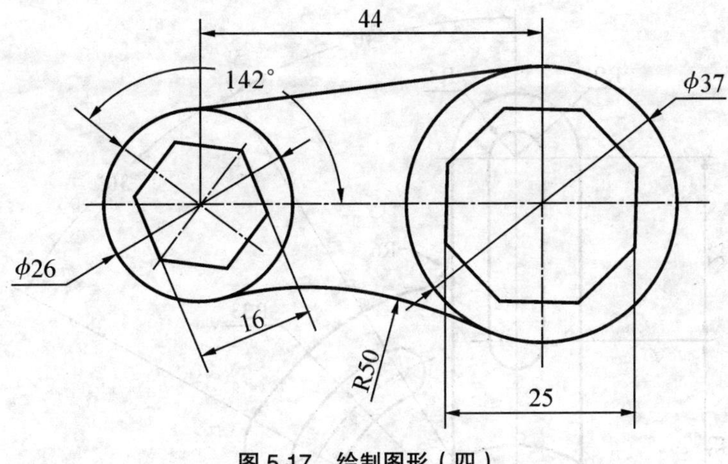

图 5.17　绘制图形（四）

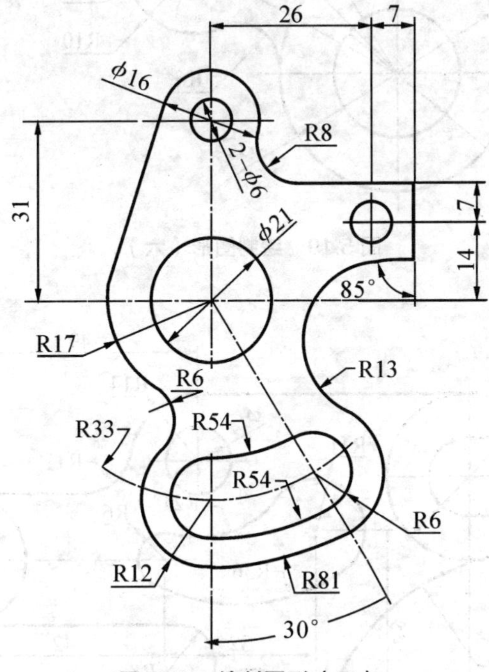

图 5.18　绘制图形（五）

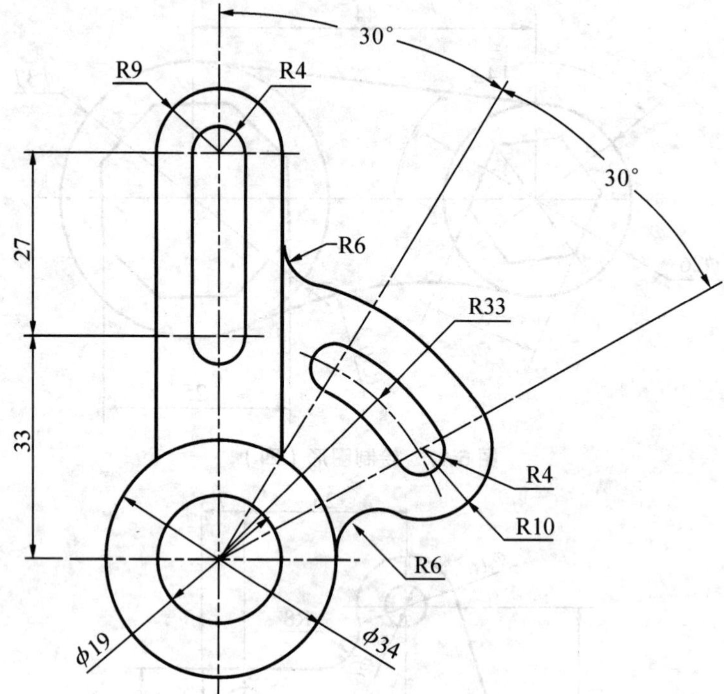

图 5.19 绘制图形（六）

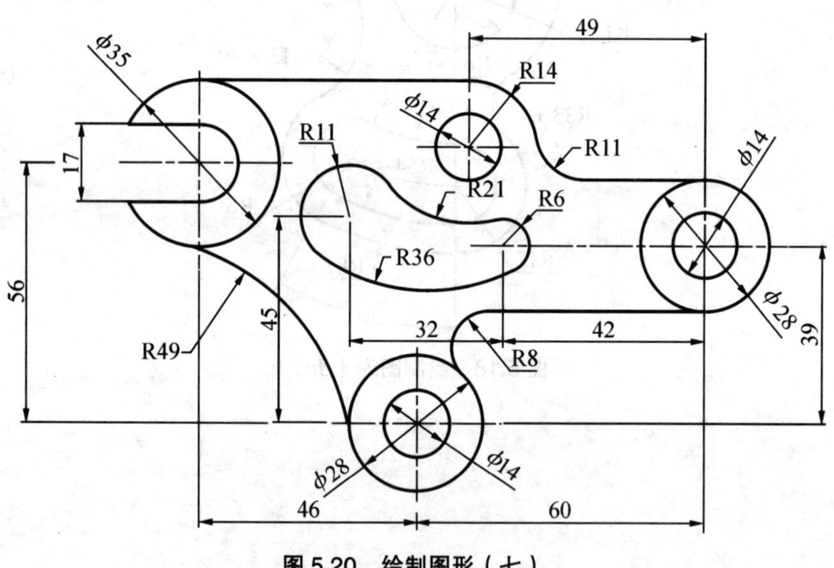

图 5.20 绘制图形（七）

第 6 章　使用面域与填充图案

6.1 面域

AutoCAD2012 可以用“面域”（region）命令，把由封闭的对象围成的封闭区域转换为面域。

【练习 6.1】　打开习题文件“DWG\第 6 章\EX6.1.dwg”，用“面域”命令把图形转换为面域。

(1) 选中所有对象，观察其夹点状态（见图 6.1）。

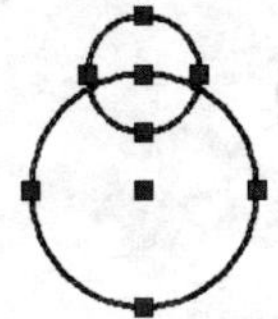
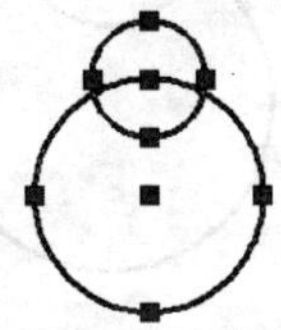
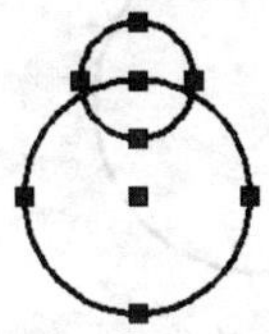

图 6.1　未形成面域前夹点状态

(2) 单击[绘图]|[面域]（region）命令。

命令：_region

选择对象：all↙

找到 6 个

选择对象：

已提取 6 个环。

已创建 6 个面域。

(3) 再次选中所有对象，观察其夹点的变化（见图 6.2）。

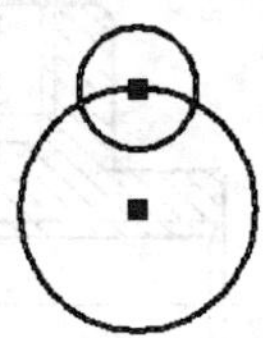
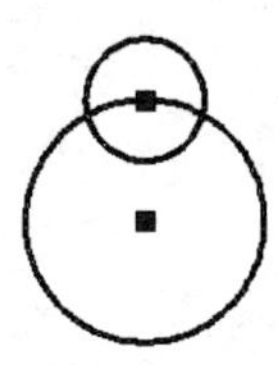
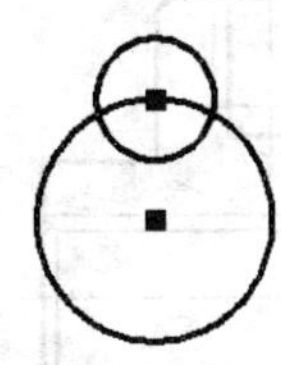

图 6.2　形成面域后夹点状态

(4) 打开菜单选择“修改（M）”|“实体编辑（N）”|[并集]（union/uni）。

命令：_union

选择对象：指定对角点：找到 2 个（选择左侧大小两圆形面域）

选择对象：↙

并集结果如图 6.3（a）所示。

(5) 打开菜单，选择“修改（M）”|“实体编辑（N）”|[差集]（subtract/su）。

命令：_subtract选择要从中减去的实体、曲面和面域...
选择对象：找到 1 个（选择中间大圆形面域）
选择对象：选择要减去的实体、曲面和面域...
选择对象：找到 1 个（选择中间小圆形面域）
选择对象：↙

差集结果如图 6.3（b）所示。

（6）打开菜单，选择“修改（M）”|“实体编辑（N）”|[交集]（INTERSECT/IN）。

命令：_intersect
选择对象：指定对角点：找到 2 个（选择右侧大小两个圆形面域）
选择对象：↙

交集结果如图 6.3（c）所示。

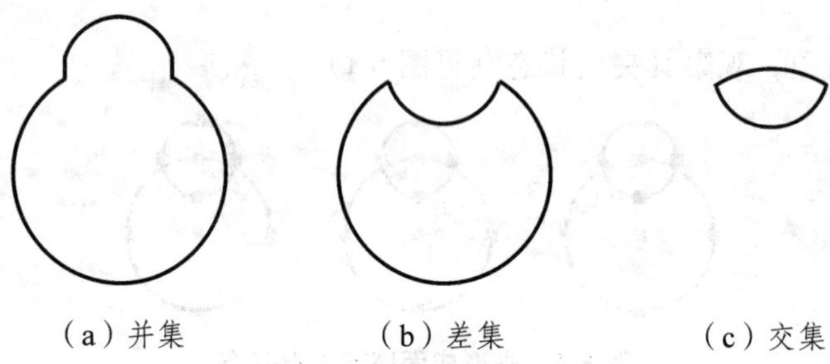

图 6.3 面域的布尔运算

6.2 图案填充

掌握AutoCAD 2010 的图案填充功能。

【练习 6.2】 打开习题文件“DWG\第 6 章\EX6.2.dwg”，如图 6.4 所示。对其填充剖面线，结果如图 6.5 所示。

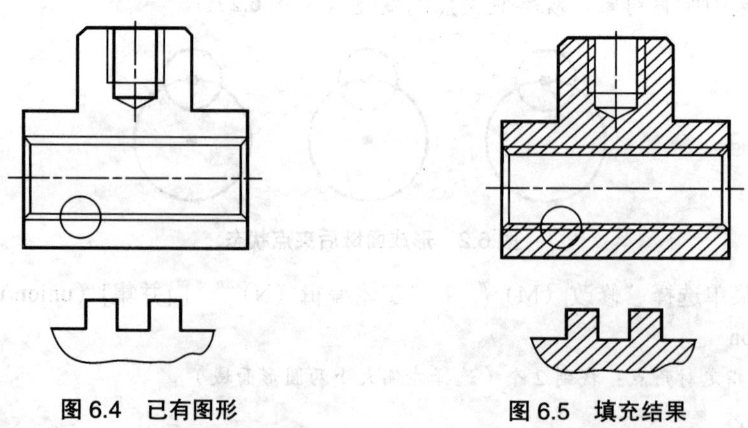

图 6.4 已有图形　　图 6.5 填充结果

操作提示：

（1）将细实线图层设为当前图层（原图已设置了图层）。

单击“绘图”工具栏上的[图案填充]按钮 或选择[绘图]|[图案填充]，即执行“BHATCH”命令，打开“图案填充创建”选项卡，如图 6.6 所示。

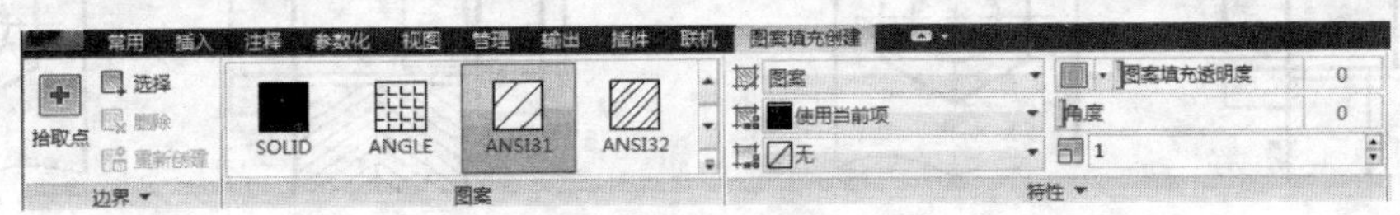

图 6.6　“图案填充创建”选项卡

(2) 选择图案。

选择“图案”中的“ANSI31”填充图案，对图形进行选择，如图 6.7 所示。

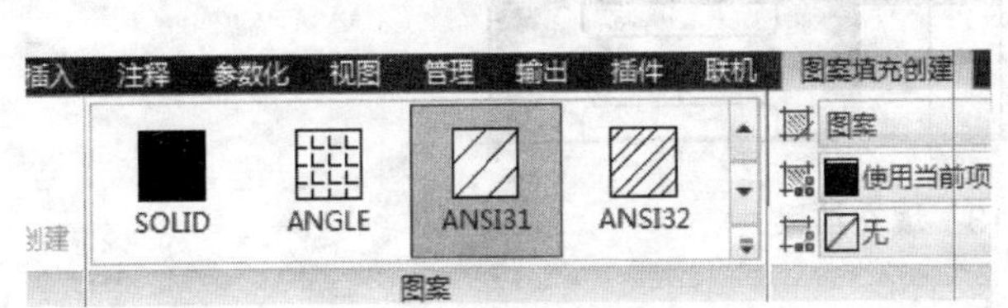

图 6.7　选择填充图案

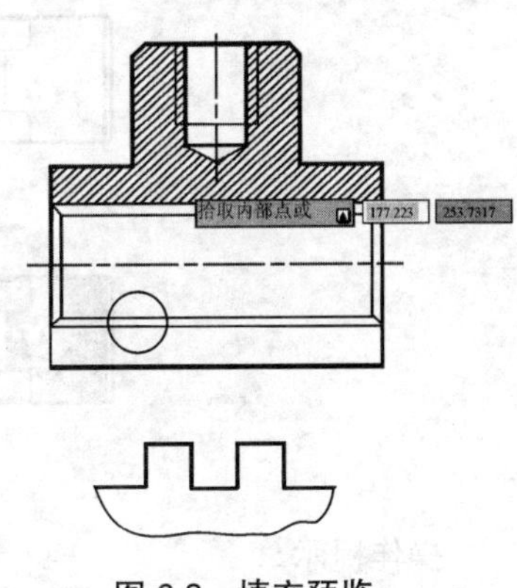

图 6.8　填充预览

(3) 指定填充区域及预览。

选定相应的填充图案后，鼠标移动到需要填充的区域进行预览，如图 6.8 所示。通过预览可以看出，剖面线较密集，因此可以通过“图案填充创建”面板中比例设置按钮，进行填充比例的设置，如图 6.9 所示。图中已将填充比例设成 1.5。

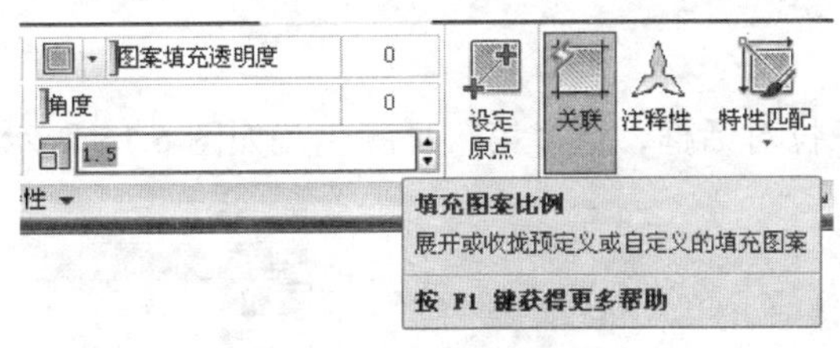

图 6.9　设置填充比例

(4) 填充图案。

按回车键，即可完成剖面线的填充。

注意：执行填充操作后，如果仍有部分区域没有被填充，应再执行BHATCH命令，填充这部分区域。

习题文件“DWG\第 6 章\EX6.1.dwg”是完成剖面线填充后的图形。

【练习 6.3】　打开习题文件“DWG\第 6 章\EX6.2.dwg”，如图 6.10 所示。对其填充图案(剖面线和网格线)，结果如图 6.11 所示。(提示：填充网格线时，应先绘制一条样条曲线为辅助曲线，形成填充区域。填充图案后，删除该辅助曲线。)

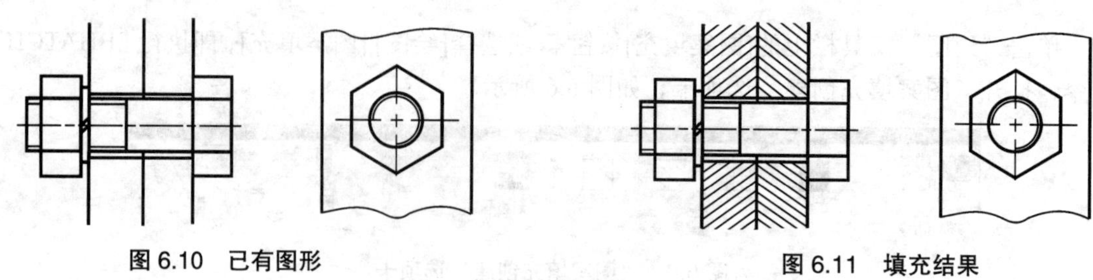

图 6.10　已有图形　　　　图 6.11　填充结果

【练习 6.4】　打开习题文件“DWG\第 6 章\EX6.3.dwg”，如图 6.12 所示。对其进行渐变色填充，填充后效果如图 6.13 所示。

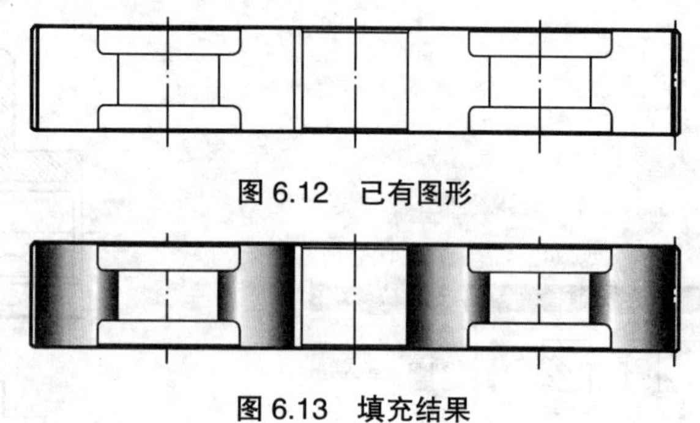

图 6.12　已有图形

图 6.13　填充结果

操作提示：

（1）将细实线图层设为当前图层（原图已设置了图层）。

（2）执行“gradient”命令，提示：

命令：_gradient

拾取内部点或[选择对象（S）/设置（T）]:（在要填充的现有边界内拾取点）

此时打开如图 6.14 所示的[图案填充创建]选项卡。（如果功能区处于活动状态，则将显示[图案填充创建]选项卡。）

（3）选择渐变色 1。

打开渐变色 1 的下拉对话框，选择第一种颜色，如图 6.15 所示。

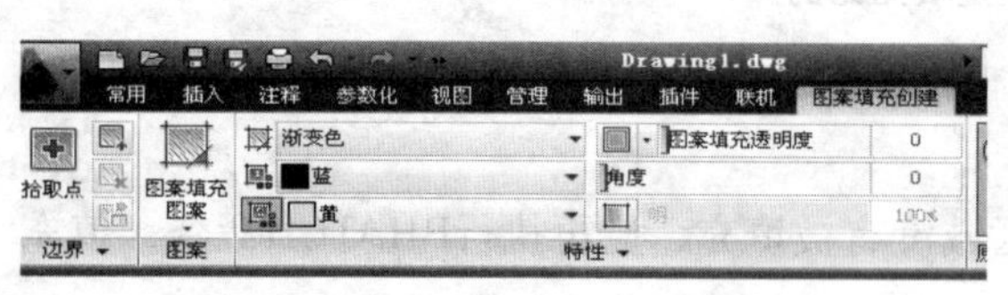

图 6.14　图案填充创建选择

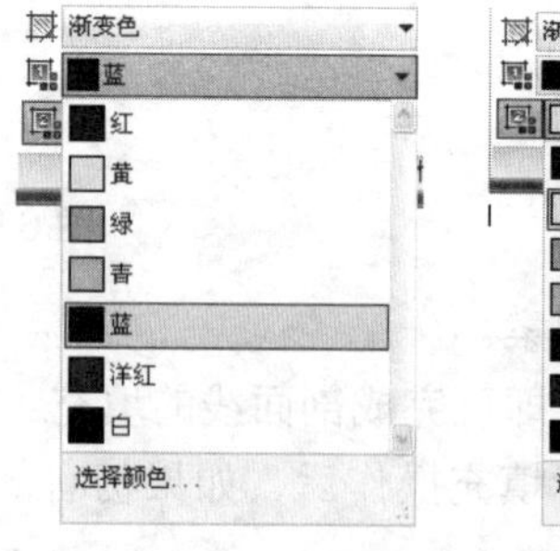

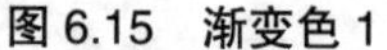

图 6.15　渐变色 1

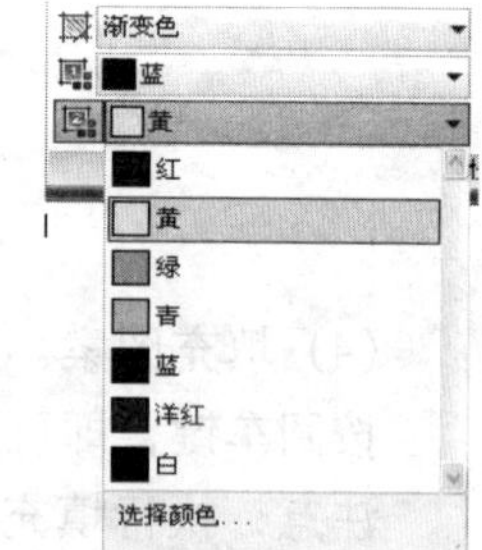

图 6.16　渐变色 2

（4）选择渐变色 2。

打开渐变色 2 的下拉对话框，选择第二种颜色，如图 6.16 所示。

（5）指定填充区域及预览。

选定相应的填充渐变色后，鼠标移动到需要填充的区域进行预览，如图 6.17 所示。

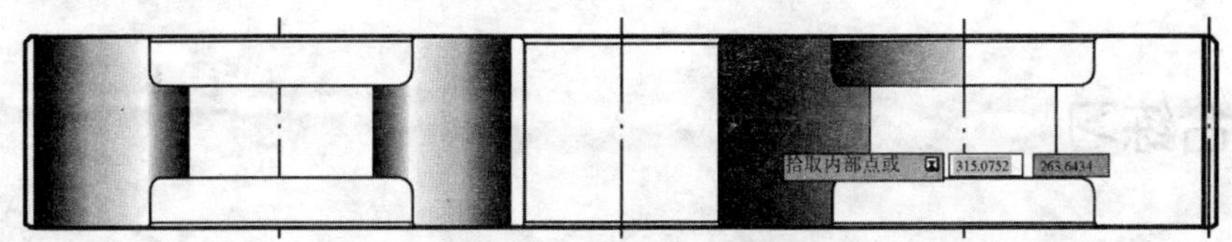

图 6.17　填充渐变色效果

(6) 填充渐变色。

按回车键，即可完成剖面线的填充。

注意：执行填充操作后，如果仍有部分区域没有被填充，应再执行“GRADIENT”命令，填充这部分区域。

6.3　编辑图案

掌握AutoCAD 2012 的图案编辑功能。

【练习 6.5】　打开习题文件“DWG\第 6 章\EX6.4.dwg”，如图 6.18 所示。编辑其剖面线，结果如图 6.19 所示。

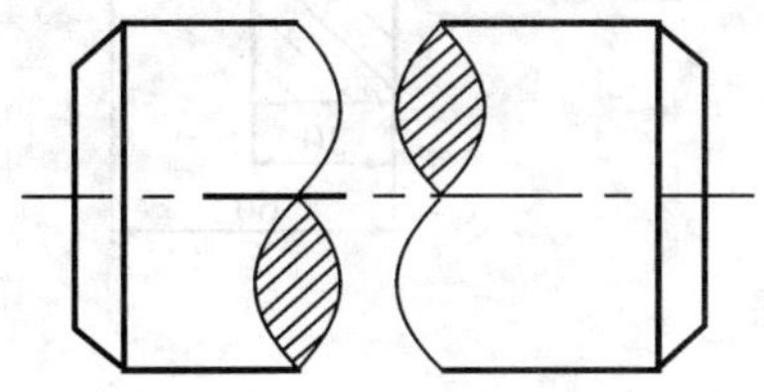

图 6.18　已有图形

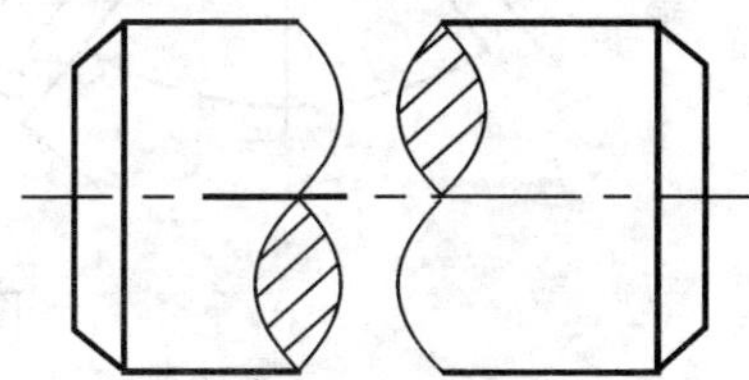

图 6.19　编辑结果

操作提示：

选择“修改”|“对象”|“图案填充”命令，在“选择图案填充对象：”提示下选择图案或先选择图案，然后双击该图案，AutoCAD会弹出“图案填充编辑”对话框，如图 6.20 所示

通过该对话框将“比例”从原来的 0.5 改为 1，单击[确定]按钮，即可得到图 6.19 所示的结果。

习题文件“DWG\第 6 章\图 6.9b.dwg”是完成图案编辑后的图形。

【练习 6.6】　打开习题文件“DWG\第 6 章\EX6.5.dwg”，如图 6.21 所示（图中 3 块板的剖面线是分 3 次填充的），对其编辑填充的剖面线，结果如图 6.22 所示。

图 6.20　“图案填充编辑”对话框

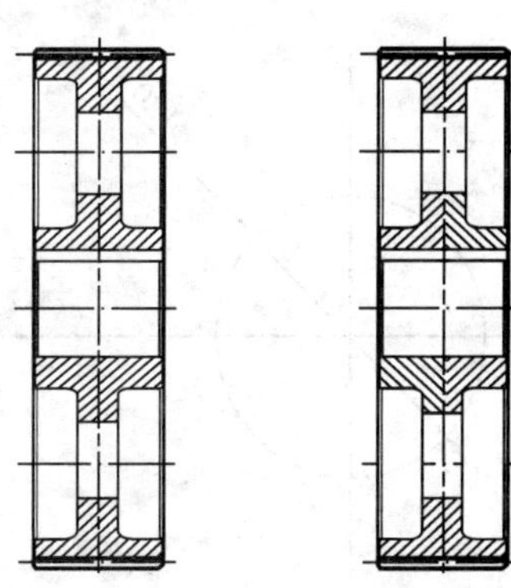

图 6.21　已有图形　　图 6.22　编辑结果

6.4 综合练习

绘图过程中综合运用图案填充等功能。

【练习 6.7】　绘制如图 6.23 所示的零件图。

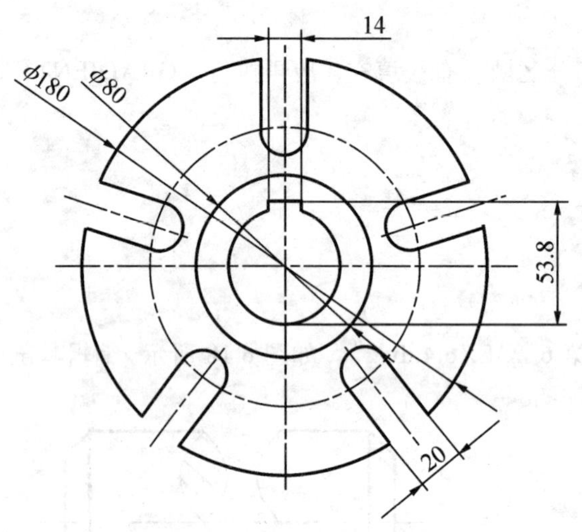

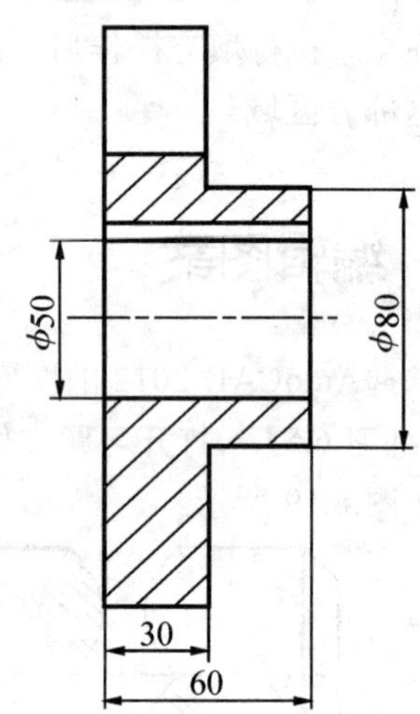

图 6.23　零件图

操作提示：

(1) 创建图层。

根据表 4.1 的要求创建图层（过程略）。

(2) 绘制中心线、中心线圆。

将“点划线”图层设为当前图层。执行“line”命令绘制水平和垂直中心线，执行“circle”命令绘制中心线圆，如图 6.24 所示。

(3) 绘制实线圆、直线。

将“粗实线”图层设为当前图层。执行“circle”命令绘制圆，执行“line”命令绘制对应的两条垂直线，结果如图 6.25 所示。

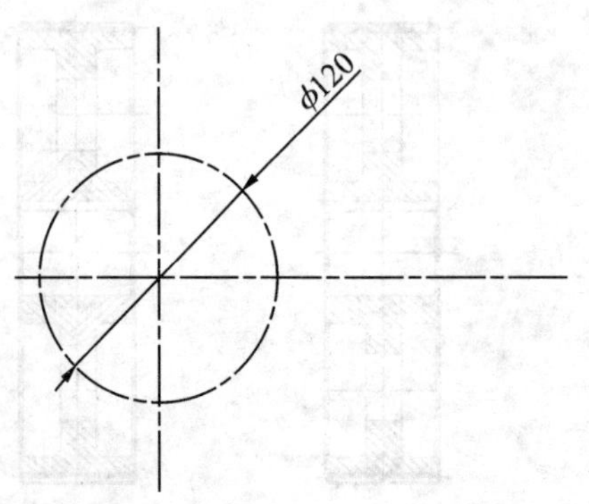

图 6.24　绘制中心线和中心圆

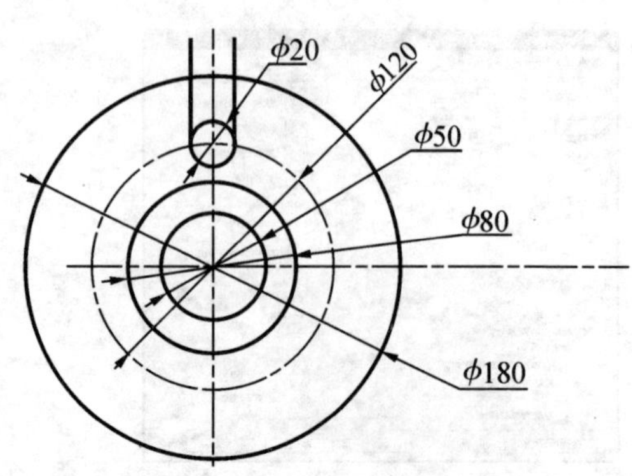

图 6.25　绘制实线圆和直线

（4）修剪。

执行“trim”命令进行修剪操作，结果如图 6.26 所示。

（5）阵列。

执行“array”命令进行阵列操作，结果如图 6.27 所示。

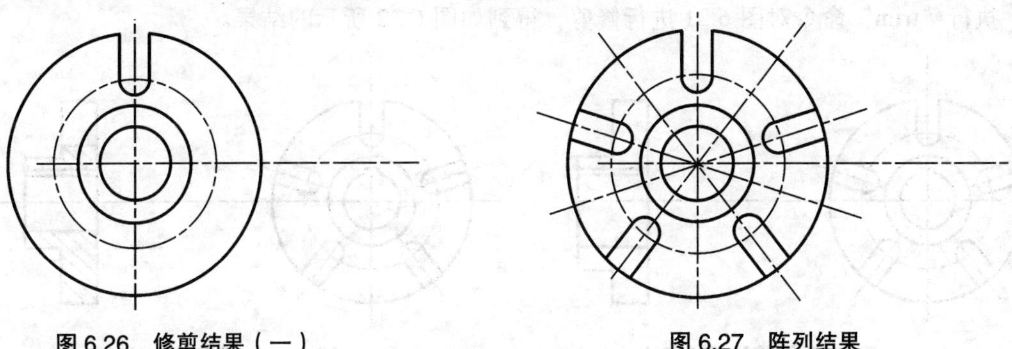

图 6.26　修剪结果（一）

图 6.27　阵列结果

（6）修剪、打断。

对图 6.27 进一步修剪，并对阵列后得到的中心线执行打断操作，结果如图 6.28 所示。

（7）偏移。

执行“offset”命令，对水平和垂直中心线进行偏移（用于绘制键槽），偏移尺寸及偏移结果如图 6.29 所示。

（8）更改图层、修剪。

将通过偏移得到的中心线更改到“粗实线”图层，执行“trim”命令对图形进行修剪，结果如图 6.30 所示。

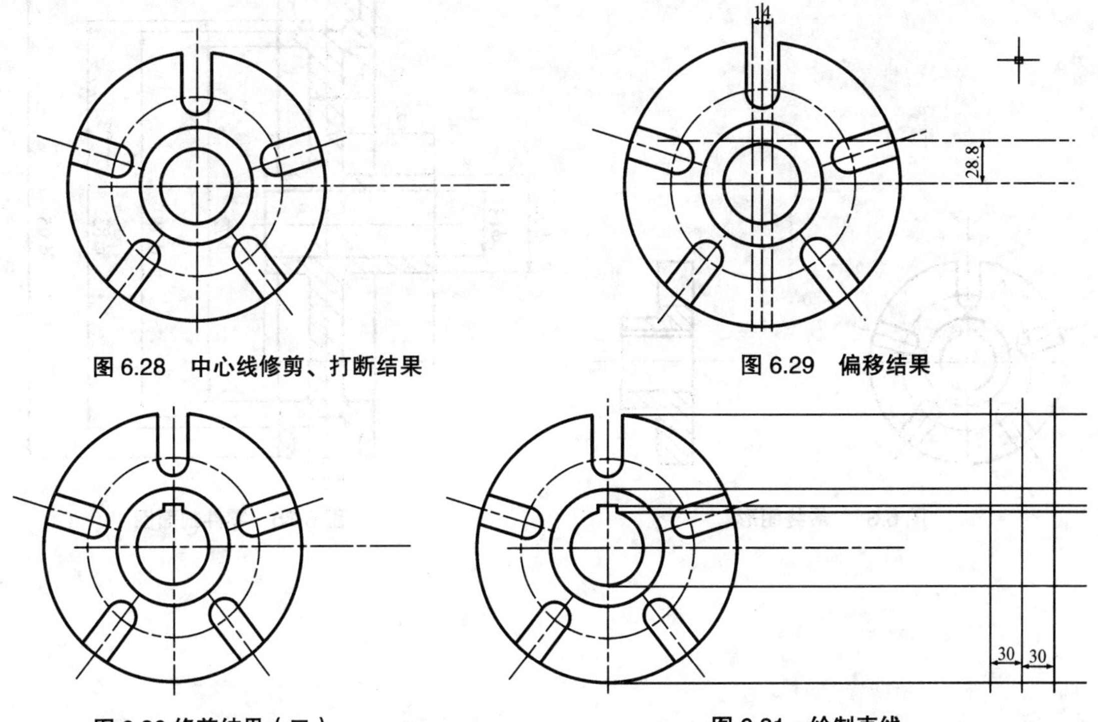

图 6.28　中心线修剪、打断结果

图 6.29　偏移结果

图 6.30 修剪结果（二）

图 6.31　绘制直线

（9）绘制对齐直线。

执行“line”命令，在左视图位置绘制对应的直线，并从主视图向其绘制辅助线，如图 6.31 所示。

（10）修剪。

执行“trim”命令对图 6.31 进行修剪，得到如图 6.32 所示的结果。

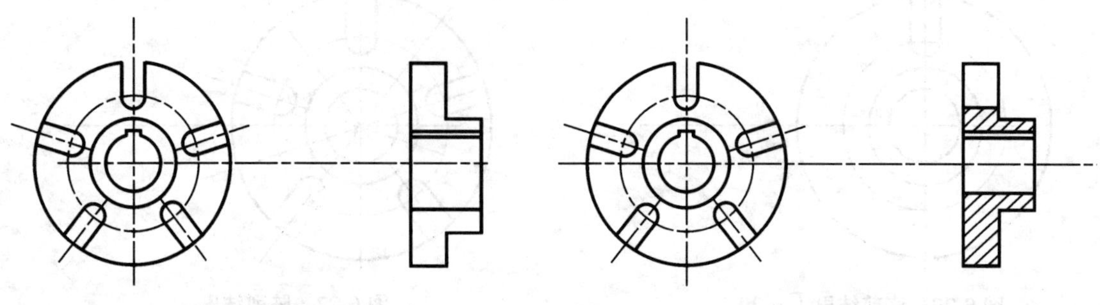

图 6.32 修剪结果（三）　　　　图 6.33　图案填充结果

（11）填充剖面线。

执行“bhatch”命令填充图案（剖面线），结果如图 6.33 所示。

（12）整理。

整理图 6.33，如打断中心线等，最后的结果如图 6.34 所示。

【练习 6.8】　绘制如图 6.35 所示的零件剖面图。

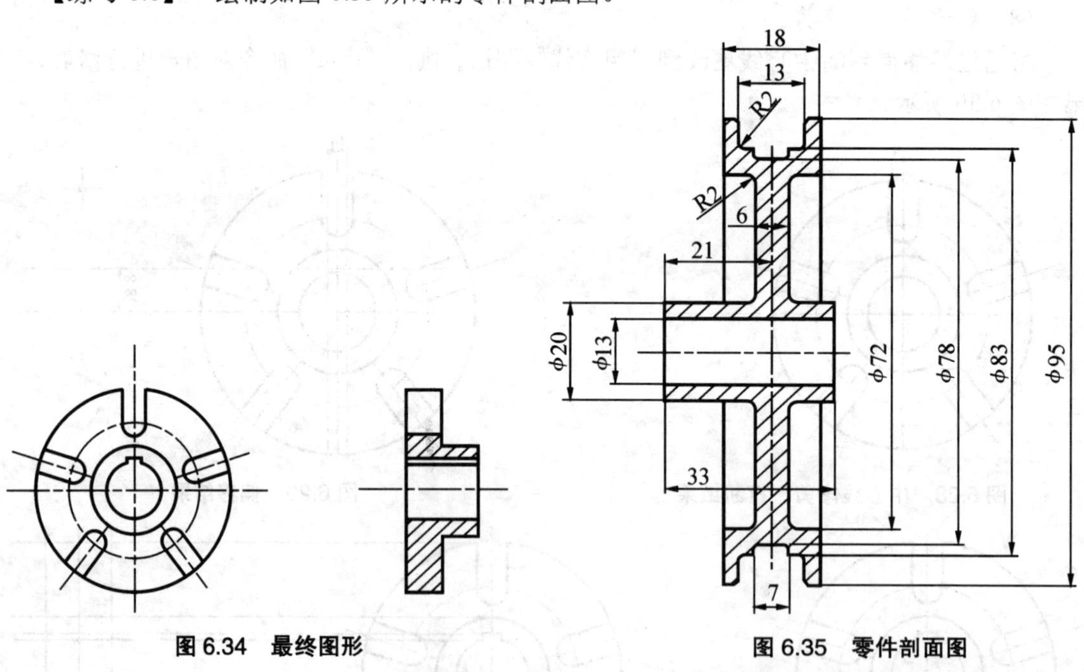

图 6.34　最终图形　　　　图 6.35　零件剖面图

第 7 章　文字、表格和“特性”选项板

7.1　文字样式

掌握定义各种不同形式的文字样式的方法与技巧。

【练习 7.1】　定义文字样式，要求：文字样式名为“文字 35”，SHX字体名“gbenor.shx”，大字体采用“gbcbig.shx”，字高为 3.5，其余设置采用系统的默认设置。

操作提示：

(1) 用以下几种方法打开“文字样式”对话框，如图 7.1 所示。

① 命令：style/st;

② 功能区：[常用]选项卡|[注释]面板|[▼]|[文字样式];

③ 功能区：[注释]选项卡|[文字]面板|[↘]对话框启动器；

④ 菜单：“格式（0）”|“文字样式（s）”；

⑤ 工具栏：[文字]。

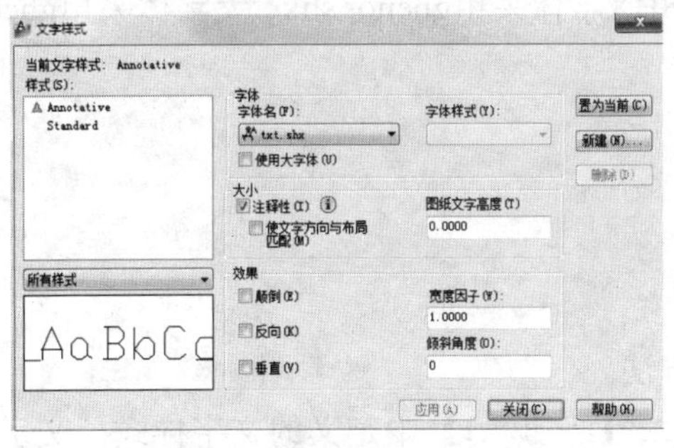

图 7.1　“文字样式”对话框

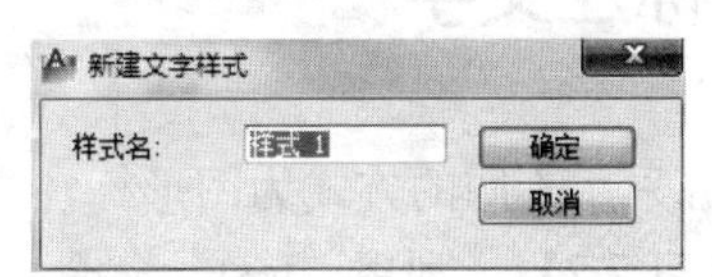

图 7.2　“新建文字样式”对话框

(2) 单击[新建]按钮，在弹出的“新建文字样式”对话框中的“样式名”文本框输入“文字 35”，如图 7.2 所示。

(3) 单击[确定]按钮，AutoCAD返回到“文字样式”对话框，如图 7.3 所示。

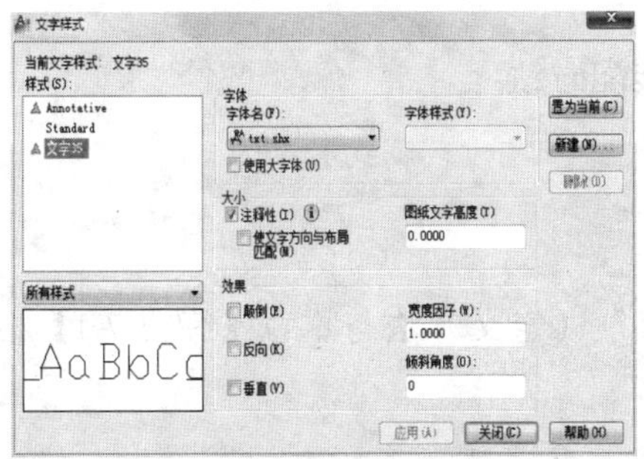

图 7.3　创建新文字样式

（4）设置SHX字体名为“gbenor.shx”；选中“使用大字体”复选框，通过“大字体”下拉列表选择大字体“gbcbig.shx”，并将“高度”设为 3.5，如图 7.4 所示。

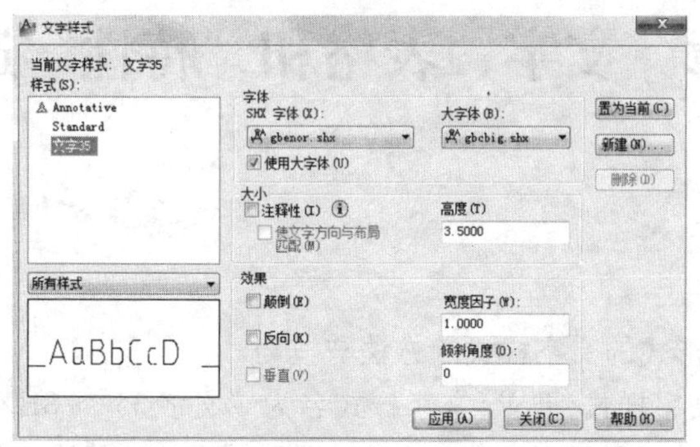

图 7.4　设置新文字样式

（5）单击[应用]按钮确认新文字样式（同时使该样式为当前样式），再单击[关闭]按钮关闭对话框。

说明：在当前图形中定义如下 3 中文字样式：

① 样式 1：文字样式名为“宋体 35”，字体采用“宋体”，字高为 3.5。

② 样式 2：文字样式名为“工程字 5”，SHX字体采用gbenor.shx，大字体采用gbcbig.shx，字高为 5。

③ 样式 3：文字样式名为“工程字 7”，SHX字体采用gbenor.shx，大字体采用gbcbig.shx，字高为 7。

7.2　标注文字

掌握采用不同的方式为图形标注文字的方法。

【练习 7.2】　利用“text”命令，再按本章【练习 7.1】中定义的文字样式“文字 35”标注如下文字：

技术要求

1．未注倒角C2。

2．调质 250-285HBS。

3．棱角倒钝。

4．ϕ 5H7 两圆柱销孔装配时钻。

标注结果如图 7.5 所示。

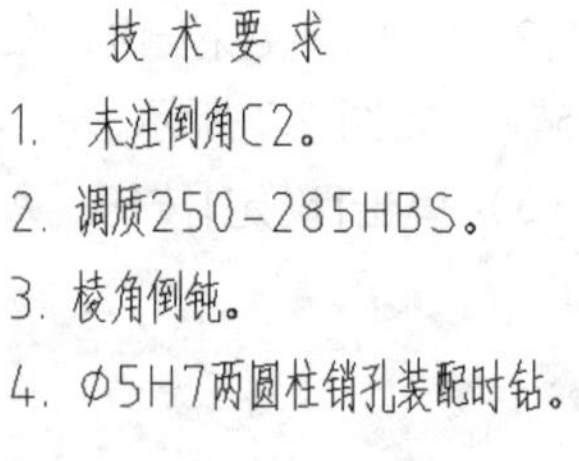

技 术 要 求

1. 未注倒角C2。

2. 调质250-285HBS。

3. 棱角倒钝。

4. Φ5H7两圆柱销孔装配时钻。

图 7.5　标注文字

操作提示：

（1）定义文字样式。

定义文字样式“文字 35”（定义方法与本章【练习 7.1】相同），并将该样式设为当前样式。

（2）标注文字。

将“文字”图层设为当前图层，选择[绘图]|[文字]|[单行文字]命令，即执行“TEXT”命

令，AutoCAD提示：

当前文字样式：“文字 35”文字高度：3.5000 注释性：否

指定文字的起点或[对正（J）/样式（S）]：（屏幕上取合适位置）↙

指定文字的旋转角度<0>：↙

AutoCAD在绘图屏幕显示出一个表示当前文字位置的小矩形框，切换到中文输入法输入对应的文字，如图 7.6 所示。

技 术 要 求
1. 未注倒角C2。
2. 调质250-285HBS。

图 7.6　输入文字

说明：

① 输入中文时，应首先切换到中文输入方式。

② 在输入“技术要求”前，可先输入一些空格。

③ 输入一行文字后，按Enter键换行，以便输入另一行文字。

完成文字的输入后，按两次Enter键（第一次表示换行，第二次表示结束），结束文字的标注。

【练习 7.3】　打开习题文件“DWG\第 7 章\EX7.1.dwg”，如图 7.7 所示。

执行“多行文字”（mtext）命令，对其标注如下文字，其中字体采用宋体，字高为 3.5：

螺纹规格D=M12、性能等级为 5 级、不经表面处理、C级的 1 型六角螺母;

螺母GB41-86-M12

标注结果如图 7.8 所示。

操作提示：

（1）将“文字”图层设为当前图层（图中已定义了图层）。

（2）单击[常用]选项卡｜[注释]面板|[文字]｜[多行文字]或功能区[注释]选项卡｜[文字]面板|[多行文字]或菜单：“绘图（D）”｜“文字（X）”｜“多行文字（M）”，即执行“mtext”命令，AutoCAD提示：

指定第一角点：

指定对角点或[高度（H）/对正（J）/行距（L）/旋转（R）/样式（S）/宽度（W）/栏（C）]：

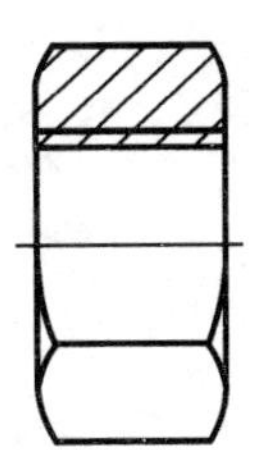
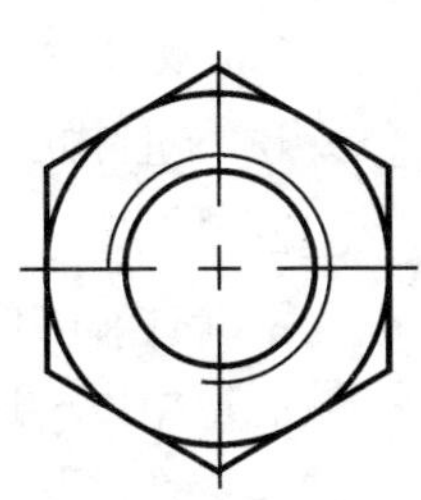

图 7.7　已有图形

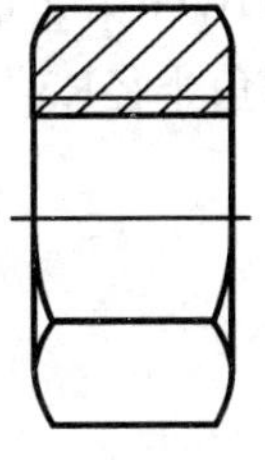

标注示例：

螺纹规格D=M12、性能等级为5级、不经表面处理、C级的1型六角螺母；

螺母GB41-86-M12

图 7.8　标注文字

同时，AutoCAD弹出在位文字编辑器，从中输入要标注的文字，并进行相关设置（如字体、字高等），如图 7.9 所示。

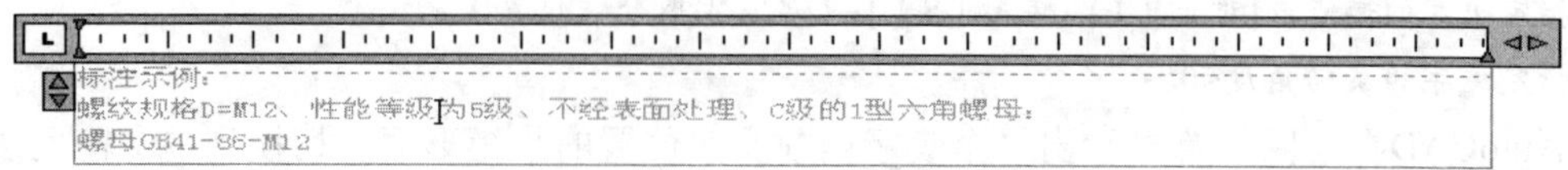

图 7.9　利用在位文字编辑器输入文字

（3）单击“确定”按钮，即可完成文字的标注。

说明：用“mtext”命令标注文字时，事先可以不定义文字样式，输入文字后再选择修改。

【练习 7.4】　打开习题文件“DWG\第 7 章\EX7.2”，如图 7.10 所示。执行“mtext”命令对其标注如下文字，其中字体采用“楷体_GB2312”，字高为 4：

同步带-连杆组合机构

当主动轮 1 以等角速度转动时，根据机构的不同尺度关系，杆 5 可能输出下列三种不同的运动规律：（1）输出杆作单向匀速-非匀速运动；（2）输出杆作匀速-具有瞬时停歇的非匀速转动；（3）输出杆作匀速-具有逆或一定区间近似停歇的非匀速转动。

标注结果如图 7.11 所示。

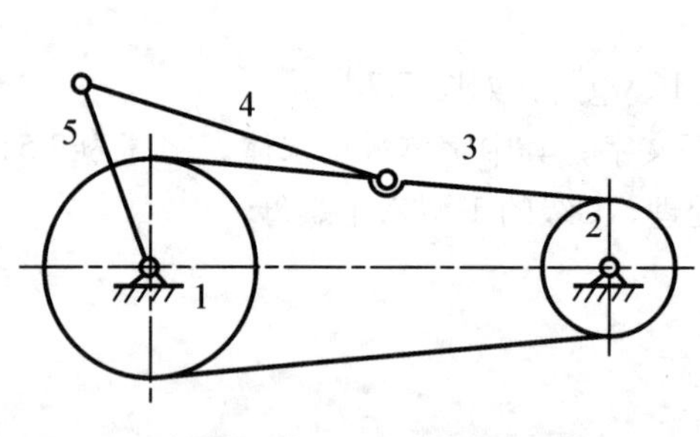

图 7.10　已有图形

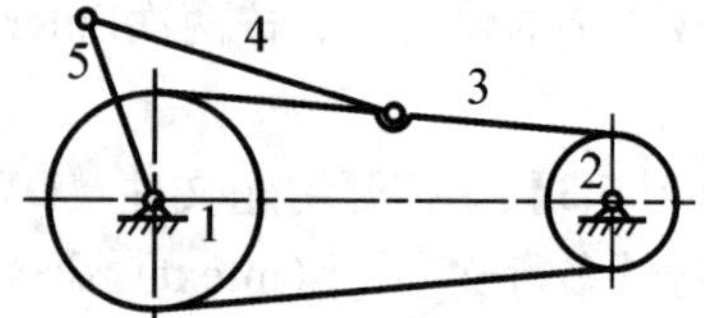

同步带连杆组合机构
当主动轮1以等角速度转动时，根据机构的不同尺度关系，杆5可能输出下列三种不同的运动规律：(1) 输出杆作单向匀速-非匀速运动；(2) 输出杆作匀速-具有瞬时停歇的非匀速转动；(3) 输出杆作匀速-具有逆或一定区间近似停歇的非匀速转动。

图 7.11　标注文字

7.3　编辑文字

掌握AutoCAD 2010 的文字编辑功能。

【练习 7.5】　编辑习题文件“DWG\第 7 章\EX7.3.dwg”）中的文字，如图 7.12 所示，编辑结果如图 7.13 所示（用“铸造圆角半径R5”代替“棱角倒钝”）。

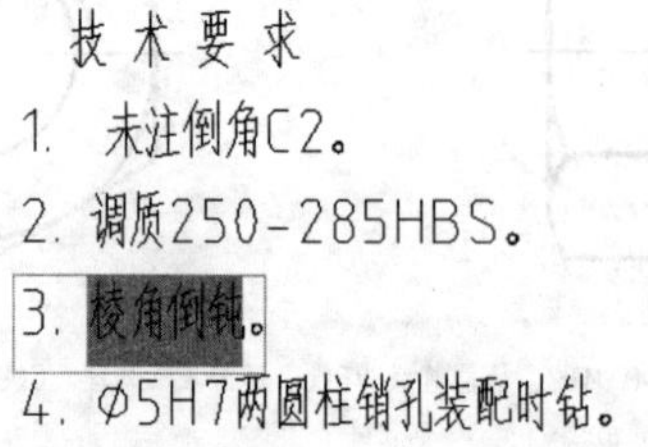

技 术 要 求
1. 未注倒角C2。
2. 调质250-285HBS。
3. 棱角倒钝。
4. Ø5H7两圆柱销孔装配时钻。

图 7.12　文字处于编辑状态

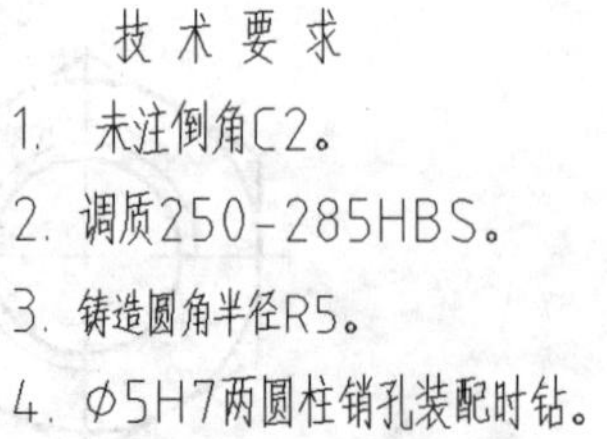

技 术 要 求
1. 未注倒角C2。
2. 调质250-285HBS。
3. 铸造圆角半径R5。
4. Ø5H7两圆柱销孔装配时钻。

图 7.13　编辑后的文字

操作提示：

(1) 打开习题文件“DWG\第 7 章\EX7.3.dwg”，方法如下：

① 命令：ddedit;

② 菜单：“修改（M）”｜“对象（O）”｜“文字（T）”｜“编辑（E）”；

③ 工具栏：[文字];

④ 快捷菜单：选择文字对象，在绘图区域中单击鼠标右键，然后单击“编辑”；

⑤ 定点设备：双击文字对象。

(2) 在“选择注释对象或[放弃（u）]：”提示下选择文字“1.棱角倒角”，AutoCAD切换到编辑模式，如图 7.12 所示。

(3) 在如图 7.12 所示的编辑模式下，用新文字“铸造圆角半径R5”替换原文字“棱角倒钝”后，在绘图屏幕任意位置拾取一点，AutoCAD提示：

选择注释对象或[放弃（u）]:

按Enter键结束文字的编辑（也可以继续选择文字进行编辑），编辑结果如图 7.13 所示。

【练习 7.6】　编辑习题文件“DWG\第 7 章\EX7.4.dwg”中的文字，要求：标题字体改为黑体，字高是 4；其余字体仍为楷体，但字高改为 3.5。编辑结果如图 7.14 所示。

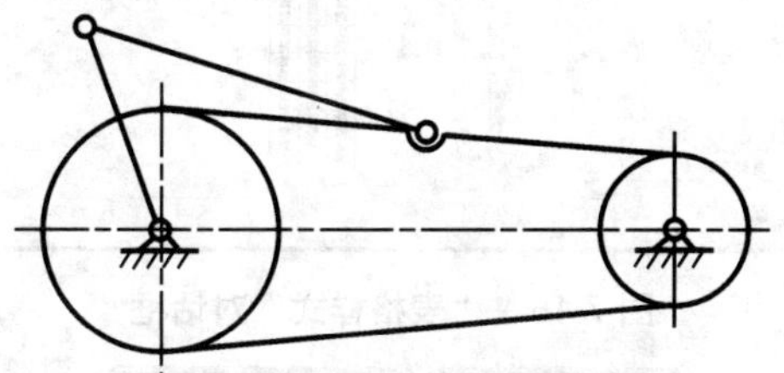

同步带连杆组合机构

当主动轮1以等角速度转动时，根据机构的不同尺度关系，杆5可能输出下列三种不同的运动规律。

图 7.14　编辑后的文字

操作提示：

选择“修改”｜“对象”｜“文字”｜“编辑”命令，在“选择注释对象或[放弃（u）]：”提示下选择已有文字，AutoCAD打开在位文字编辑器（因为此文字是通过在位文字编辑器标注的），并显示出对应的文字。可对其进行各种编辑，如更改字体、字号，删除文字，添加文字，更改段落宽度等。

7.4　表格样式

掌握定义各种形式的表格样式的方法。

【练习 7.7】　定义表格样式，要求：表格样式名为“新表格”，标题、表头和数据单元的文字样式采用在本章【练习 7.1】中定义的“文字 35”，数据均采用左对齐，数据距离单元格左边界的距离为 5，与单元格上、下边界的距离均为 0.5。

操作提示：

(1) 定义文字样式。

参照本章【练习 7.1】中定义的文字样式“文字 35”。(过程略)

(2) 定义表格样式。

用以下几种方法打开“表格样式”对话框，如图 7.15 所示。

① 命令：tablestyle；

② 功能区：[常用]选项卡 | [注释]面板 | [▼] | [表格样式]；

③功能区：[注释]选项卡 | [表格]面板 | [↘]对话框启动器；

④ 菜单：“格式（O）” | “表格样式（B）”；

⑤ 工具栏：[样式]。

(3) 单击[新建]按钮，在弹出的“创建新的表格样式”对话框中的“新样式名”文本框中输入“新表格”，如图 7.16 所示。

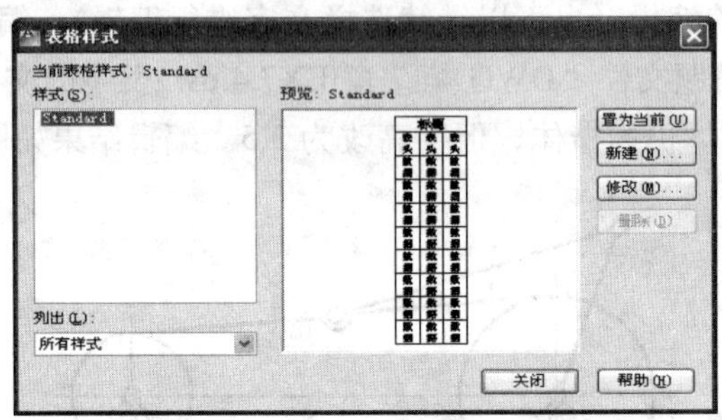

图 7.15　“表格样式”对话框

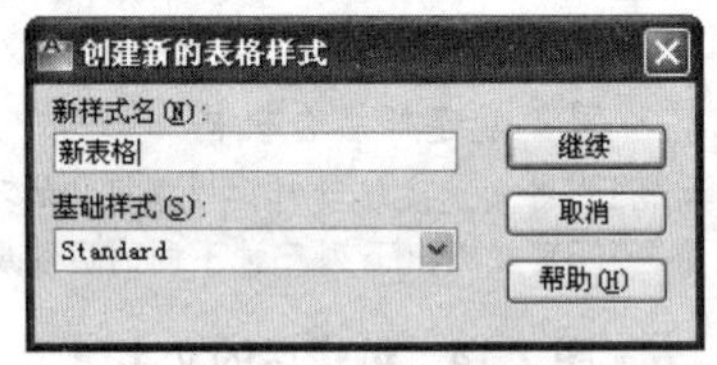

图 7.16　“创建新的表格样式”对话框

(4) 单击“继续”按钮，AutoCAD弹出“新建表格样式”对话框，对数据进行对应的设置，如图 7.17 和图 7.18 所示。

图 7.17　设置数据基本特征

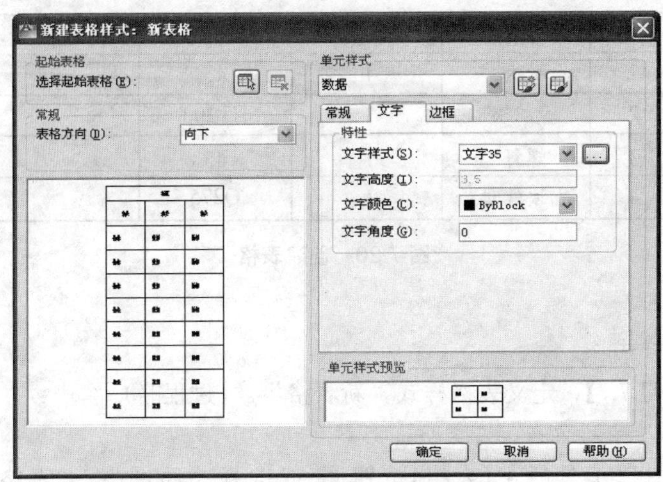

图 7.18　设置文字特征

(5) 分别在“单元格式”下拉列表框中选择“标题”和“表头”，并进行与图 7.17 和图 7.18 类似的设置。从图中可以看出，已将文字样式选择为“文字 35”，对齐方式采用“左中”，单元水平边距设为 5，垂直边距设为 0.5。

(6) 单击“确定”按钮，AutoCAD返回“表格样式”对话框，如图 7.19 所示。

(7) 单击“关闭”按钮，完成表格样式的定义。

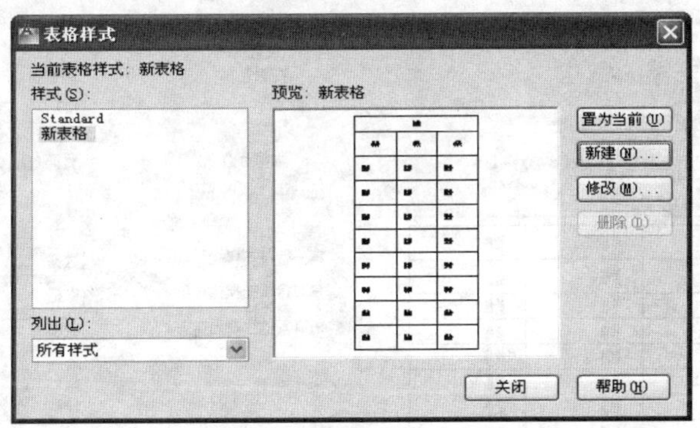

图 7.19　“表格样式”对话框

【练习 7.8】　定义表格样式，要求：表格样式名为“楷体表格”，此样式无标题行和列标题行，数据单元的文字样式采用定义的“楷体 35”，表格数据均居中对齐，数据距离单元格左边界的距离为 5，距单元格上、下边界的距离均为 0.5。

习题文件“DWG\第 7 章\楷体表格.dwg”是定义有对应表格的空白图形。

7.5　创建表格与编辑表格

掌握AutoCAD2012 的创建表格功能。

【练习 7.9】　用在本章【练习 7.8】中定义的表格样式“新表格”创建如图 7.20 所示表格。

序号	名称	数量	材料	备注
1	护板	4	45	发蓝
2	活动块	1	HT200	
3	螺杆	1	45	
4	方块螺母	1	Q275	

图 7.20　创建表格

操作提示：

（1）定义表格样式。

参照本章【练习 7.7】，定义表格样式“新表格”。（过程略）

（2）创建表格。

① 单击“绘图”工具栏上[表格]按钮 或选择“绘图”|“表格”命令，即执行“TABLE”命令，AutoCAD弹出“插入表格”对话框，从中进行设置，如图 7.21 所示。

② 单击“确定”按钮，AutoCAD提示：

指定插入点：

③ 在此提示下确定表格的插入位置后，出现“表格单元”选项卡，如图 7.22 所示。

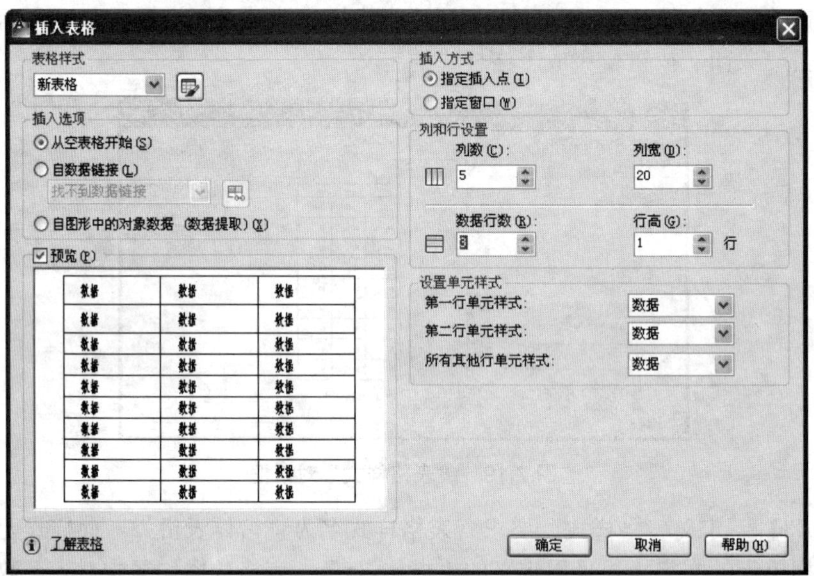

图 7.21　“插入表格”对话框

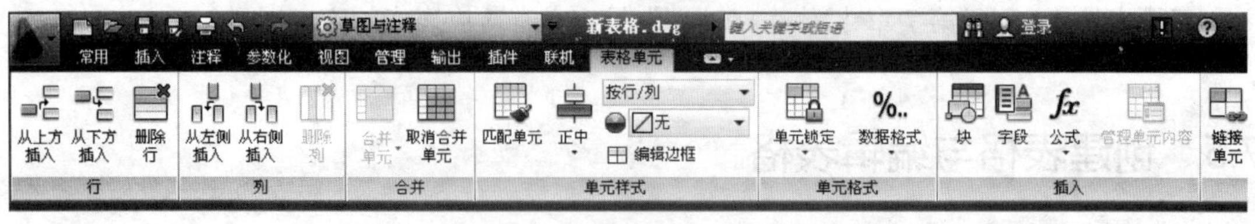

图 7.22　“表格单元”选项卡

④ 在单元格内双击，即可打开[文字编辑器]选项卡。利用[文字编辑器]选项卡即可在表格中输入相应文字，如图 7.23 所示。（按方向键可在各单元格中切换。）

	A	B	C	D	E
1					
2					
3					
4					
5					

图 7.23　输入文字

⑤ 单击“确定”按钮，完成表格文字的输入，结果如图 7.24 所示。

序号	名称	数量	材料	备注
1	护板	4	45	
2	活动块	1	HT200	
3	螺杆	1	45	
4	方块螺母	1	Q275	

图 7.24　输入文字后的表格

从图 7.24 中可以看出，所创建的表格与图 7.20 所示要求不一致，下面通过对其编辑来满足要求。（习题文件“DWG\第 7 章\EX7.4.dwg”有对应的表格，以便于读者的编辑。）

（3）编辑表格。

① 修改表格文字。

设当前打开了图 7.24 所示的表格，选中表格的某一单元格，然后双击该单元格，AutoCAD 进入表格编辑模式，利用[文字编辑器]选项卡即可在表格中对相应文字进行编辑，结果如图 7.25 所示。

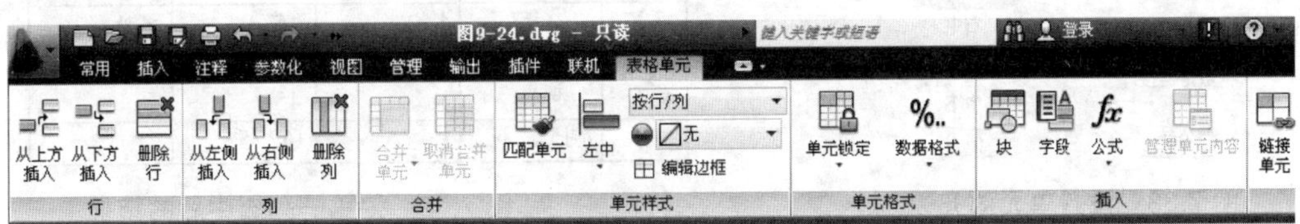

	A	B	C	D	E
1	序号	名称	数量	材料	备注
2	1	护板	4	45	发蓝
3	2	活动块	1	HT200	
4	3	螺杆	1	45	
5	4	方块螺母	1	Q275	

图 7.25　编辑表格文字

从图 7.25 中可以看出，已在“备注”列输入了“发蓝”。用户还可以修改其他单元格中的文字（用方向键切换单元格）。

单击“确定”按钮，完成对表格文字的修改，结果如图 7.26 所示。

序号	名称	数量	材料	备注
1	护板	4	45	发蓝
2	活动块	1	HT200	
3	螺杆	1	45	
4	方块螺母	1	Q275	

图 7.26　修改后的表格文字

② 修改表格列宽、行高。（修改第一列）

选中第一列单元格（选中一个单元格后，按下shift键，再在其他单元格上单击鼠标左键，可以选择多个单元格），AutoCAD显示出夹点，拖动左夹点改变列宽度，如图 7.27 所示。（也可以利用特性选项板设置宽度。）

	A	B	C	D	E
1	序号	名称	数量	材料	备注
2	1	护板	4	45	发蓝
3	2	活动块	1	HT200	
4	3	螺杆	1	45	
5	4	方块螺母	1	Q275	

图 7.27　通过夹点改变列宽度

然后单击鼠标右键，从弹出的快捷菜单中选择“对齐”|“正中”命令，如图 7.28 所示。修改结果如图 7.29 所示。

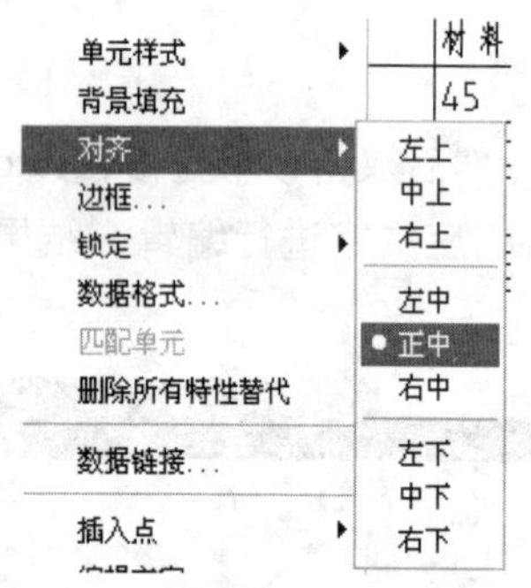

图 7.28　设置单元对齐

序号	名称	数量	材料	备注
1	护板	4	45	发蓝
2	活动块	1	HT200	
3	螺杆	1	45	
4	方块螺母	1	Q275	

图 7.29　使第一列居中后的结果

用类似的方法调整其他单元格，结果如图 7.30 所示。

序号	名称	数量	材料	备注
1	护板	4	45	发蓝
2	活动块	1	HT200	
3	螺杆	1	45	
4	方块螺母	1	Q275	

图 7.30　调整后的表格

序号	带轮	压盖	垫片	齿轮
1	12	9	15	6
2	23	17	26	12
3	8	22	35	19
合计	43	48	75	37

图 7.31　创建表格

习题文件“DWG\第 7 章\EX7.5.dwg”包含了对应的表格。

【练习 7.10】　用本章【练习 7.9】所示表格样式“楷体表格”创建图 7.31 所示的表格。

习题文件“DWG\第 7 章\EX7.6.dwg”包含了对应的表格。

7.6 综合练习

【练习 7.11】 打开习题文件“DWG\第 7 章\EX7.7.dwg”，如图 7.32 所示。对其添加指引线，并标注文字（字体为宋体、字高为 3.5），结果如图 7.33 所示。

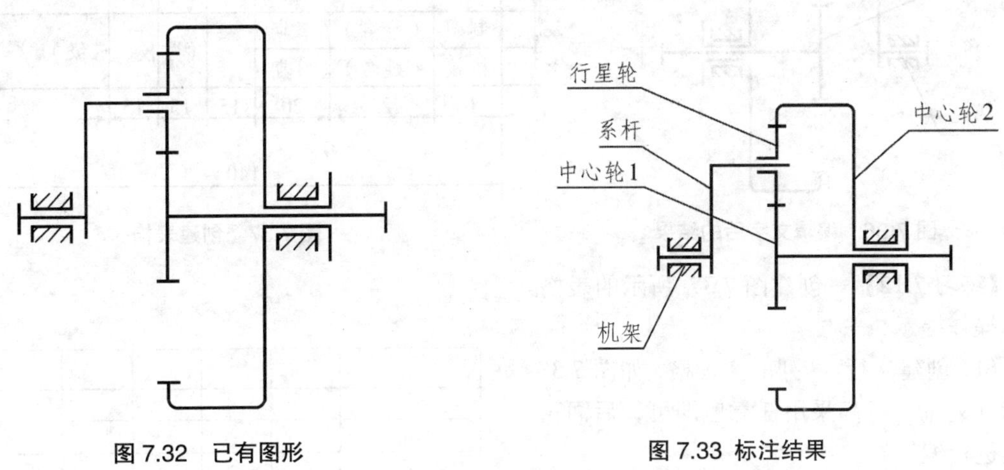

图 7.32 已有图形　　图 7.33 标注结果

操作提示：

(1) 在“细实线”图层绘制指引线（直接用“LINE”命令绘制即可，图中已创建了图层），如图 7.34 所示。

（2）标注文字。

在“文字”图层，按字体（宋体）和字高（3.5）要求标注“机架”二字。(用“DTEXT”命令或“mtext”命令标注均可，但执行“dtext”命令前，应先设置对应的文字样式)。

（3）复制。

将已标注的“机架”二字复制到其他位置，如图 7.35 所示。

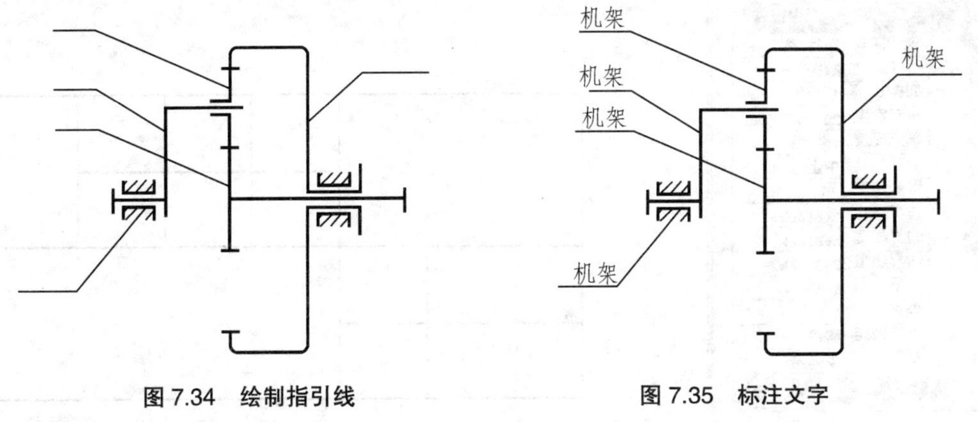

图 7.34 绘制指引线　　图 7.35 标注文字

（4）修改文字。

对于图 7.35，选择“修改”|“对象”|“文字”|“编辑”命令，在“选择注释对象或[放弃（u）]：”提示下选择除左下角“机架”外的某一文字，并在对应的编辑模式修改文字，再依次修改其他文字，结果如图 7.36 所示（同时还利用夹点功能调整了对应直线的长度以及文字位置）。

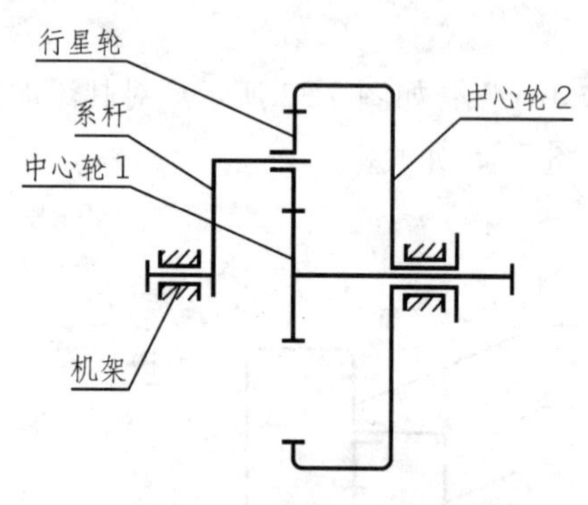

图 7.36 编辑文字后的结果

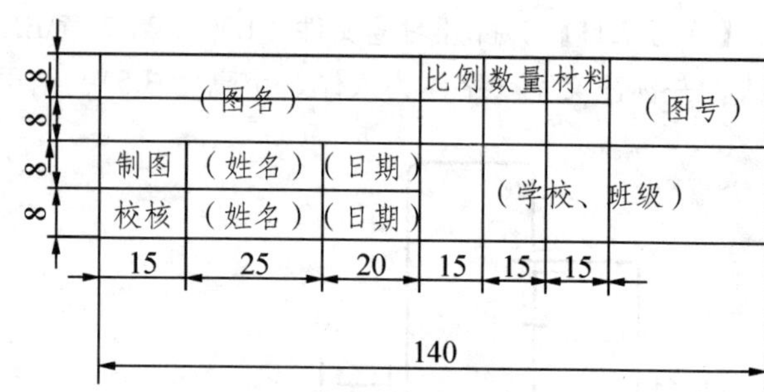

图 7.37 创建表格

【练习 7.12】 创建图 7.37 所示的表格。

操作提示：

(1) 创建 4 行、7 列的空表格，如图 7.38 所示（列宽、行高采用任意值即可，后面再对其进行编辑）。

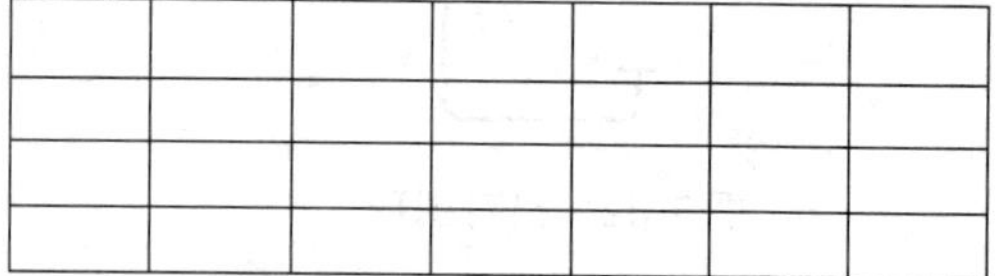

图 7.38 创建空表格

(2) 编辑表格。

① 调整列宽、行高。

根据图 7.37 所示要求，调整各列的宽度和各行的高度。下面以将第一列的列宽调整为 15、各行行高调整为 8 为例进行说明。

选中第一列，单击鼠标右键，从弹出的快捷菜单选择“特性”命令，AutoCAD弹出“特性选项板”，如图 7.39 所示。

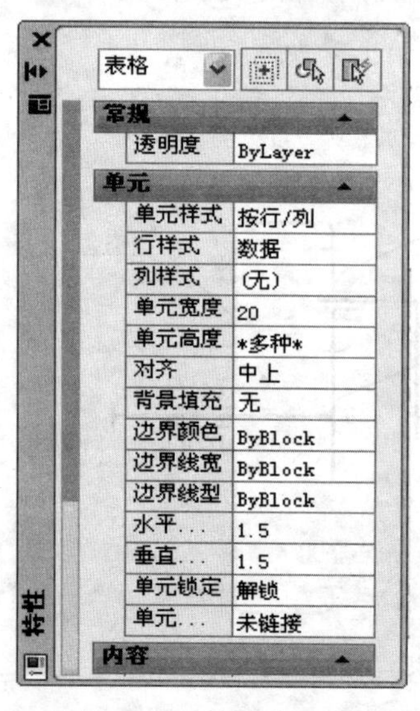

图 7.39 特性选项板

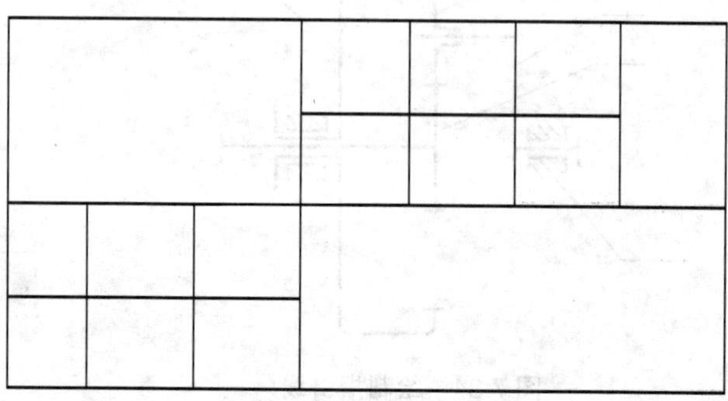

图 7.40 合并单元格

在特性选项板中，将“单元宽度”设为 15，并将“单元高度”设为 8，然后在绘图屏幕任意位置拾取一点，即可将第一列的宽度设为 15，并将所有行的高度设为 8。

② 合并单元格。

对表格进行合并单元格操作，结果如图 7.40 所示。方法：选中要合并的单元格，从弹出的“表格单元”选项卡的“合并单元”列表中选择“全部”，如图 7.41 所示。

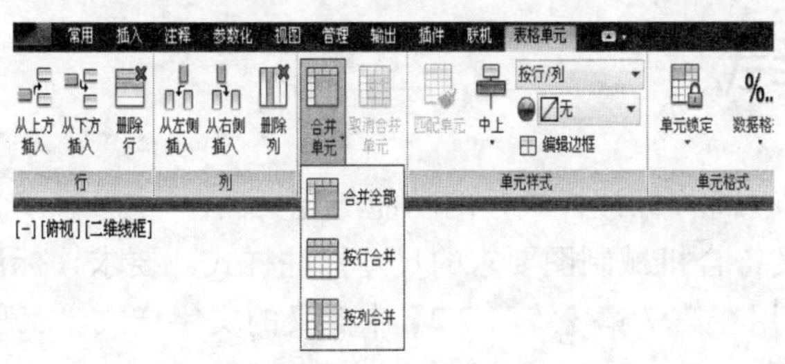

图 7.41　“表格单元”选项卡

注意：合并单元格后，按Esc键可取消显示出的夹点。

(3) 输入文字。(过程略，请参见本章【练习 7.9】。)

【练习 7.13】　创建表格，结果如图 7.42 所示。表格中的文字高度可分别设置为 3.5、7、10。

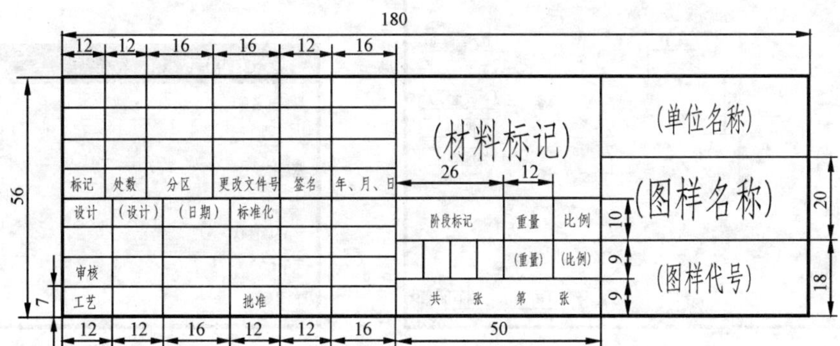

图 7.42　创建表格

第 8 章 尺寸标注、参数化绘图

8.1 尺寸标注样式

掌握尺寸标注样式（简称标注样式）的功能与定义。

【练习 8.1】 定义符合机械制图要求的尺寸标注样式。要求：标注样式的名称是“尺寸 35”，尺寸文字样式采用在第 7 章【练习 7.2】中定义的文字样式“工程字 35”，尺寸箭头长度为 3.5。

操作提示：

(1) 功能面板|[注释]|[标注]|单击[↘]按钮或输入“dimstyle”命令，AutoCAD打开“标注样式管理器”对话框，如图 8.1 所示。

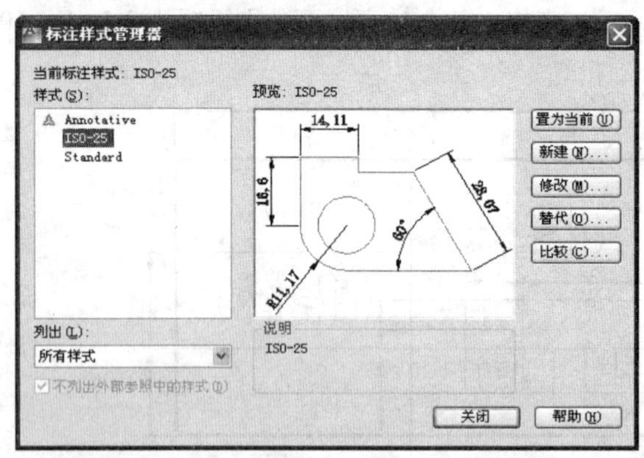

图 8.1 “标注样式管理器”对话框

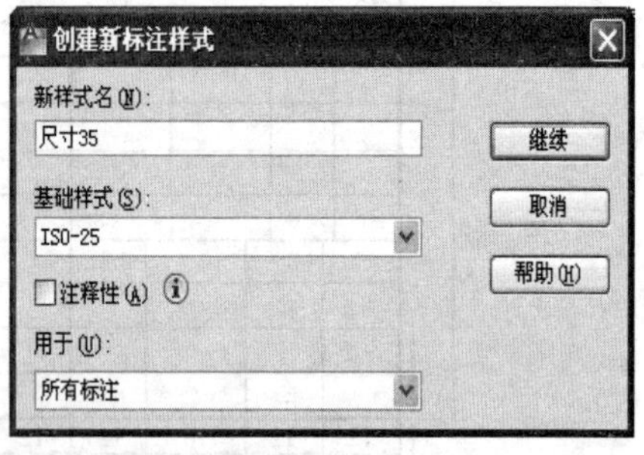

图 8.2 “创建新标注样式”对话框

(2) 单击对话框中的[新建]按钮，在弹出的“创建新标注样式”对话框中的“新样式名”文本框中输入“尺寸 35”，如图 8.2 所示。

(3) 单击[继续]按钮，AutoCAD弹出“新建标注样式”对话框。在该对话框中的[线]选项卡中进行相应的设置，如图 8.3 所示。

设置的内容有：将“基线间距”设置为 5.5，“超出尺寸线”设置为 2，“起点偏移量”设置为 0。

(4) 切换到[符号和箭头]选项卡，并在该选项卡设置尺寸箭头的特性，如图 8.4 所示。

设置的内容有：将“箭头大小”设置为 3.5，[圆心标记]选项组中的“大小”设置为 3.5，其余采用默认设置，即基础样式ISO-25 的设置。

(5) 切换到[文字]选项卡，在该选项卡中设置尺寸文字的特性，如图 8.5 所示。

设置的内容有：将“文字样式”设置为“工程字 35”，“从尺寸线偏移”设置为 1，“文字对齐”设置为“与尺寸线对齐”。

(6) 切换到[主单位]选项卡，在该选项卡中进行相应的设置，如图 8.6 所示。

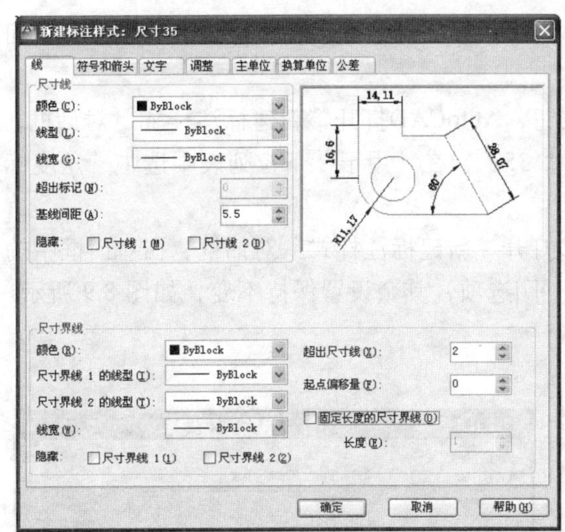

图 8.3　“线”选项卡

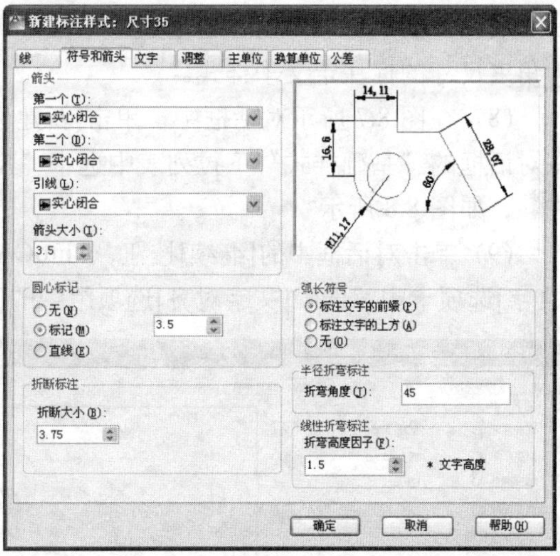

图 8.4　“符号和箭头”选项卡

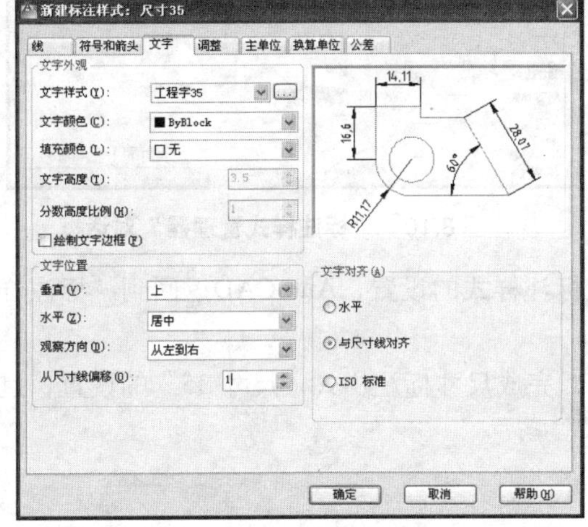

图 8.5　“文字”选项卡

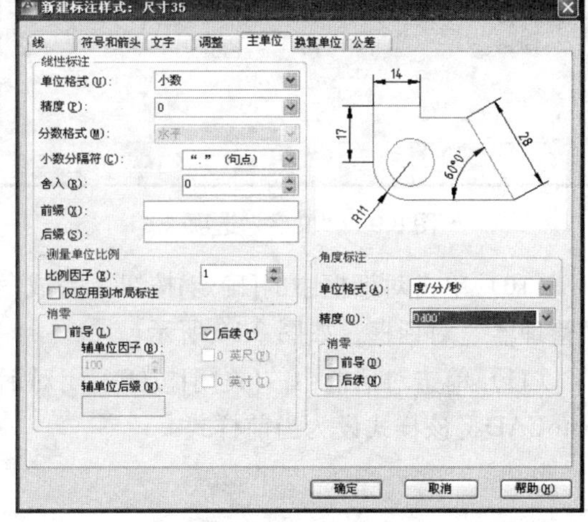

图 8.6　“主单位”选项卡

(7) 单击对话框中的[确定]按钮，AutoCAD返回到“标注样式管理器”对话框，如图 8.7 所示。

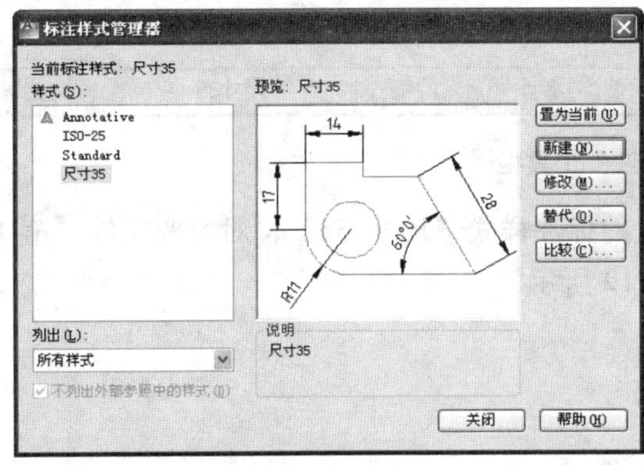

图 8.7　“标注样式管理器”对话框

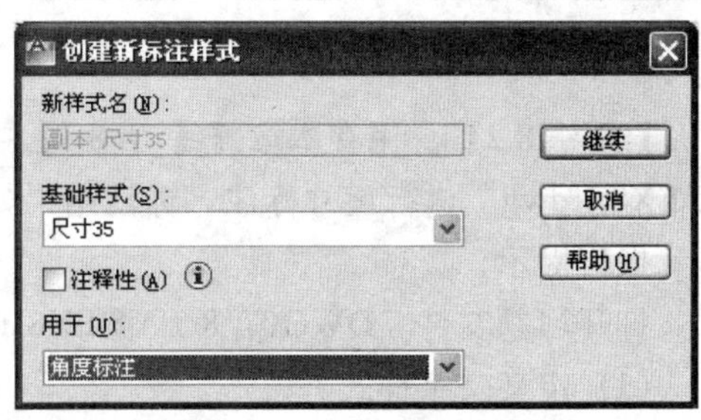

图 8.8　“创建新标注样式”对话框

从图 8.7 中可以看出，新创建的标注样式“尺寸 35”已经显示在“样式”列表中。下面为角度尺寸的标注定义子样式。

（8）在图 8.7 所示对话框中，单击[新建]按钮，AutoCAD打开“新建标注样式”对话框，在对话框的“基础样式”下拉列表中选中“尺寸 35”，在“用于”下拉列表中选中“角度标注”，如图 8.8 所示

（9）单击对话框中的[继续]按钮，AutoCAD打开“新建标注样式”对话框，在对话框中的[文字]选项卡中，选中[文字对齐]选项组中的[水平]选项，其余设置保持不变，如图 8.9 所示

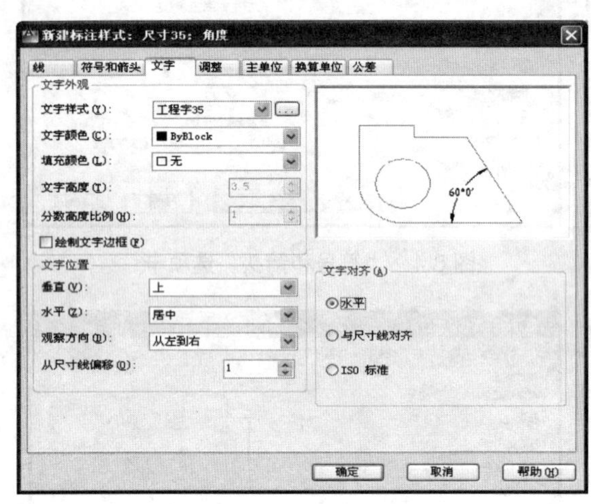

图 8.9　“文字”选项卡

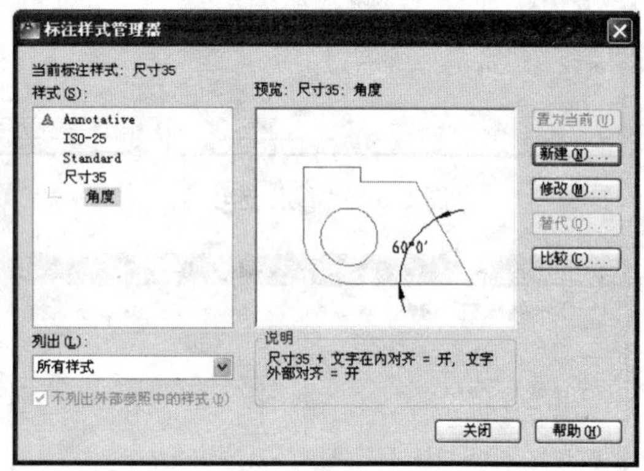

图 8.10　“标注样式管理器”对话框

（10）单击对话框中的[确定]按钮，完成角度标注样式的设置，AutoCAD返回到“标注样式管理器”对话框，如图 8.10 所示。

（11）单击对话框中的[关闭]按钮关闭对话框，完成尺寸标注样式“尺寸 35”的设置，且AutoCAD将该样式设为当前样式。

8.2　标注尺寸

掌握AutoCAD2012 的尺寸标注功能。标注尺寸时，为使操作方便，可以打开“标注”工具栏，如图 8.11 所示。

尺寸35

图 8.11　“标注”工具栏

【练习 8.2】　用在本章【练习 8.1】中定义的标注样式“尺寸 35”，对习题文件“第 8 章\EX8.1.dwg”进行尺寸标注，标注结果如图 8.12 所示。

操作提示：

打开习题文件“DWG\第 8 章\图EX8.12.dwg”。

（1）定义文字样式。

参照本章【练习 8.1】中的操作步骤，定义标注样式“尺寸 35”（过程略）。

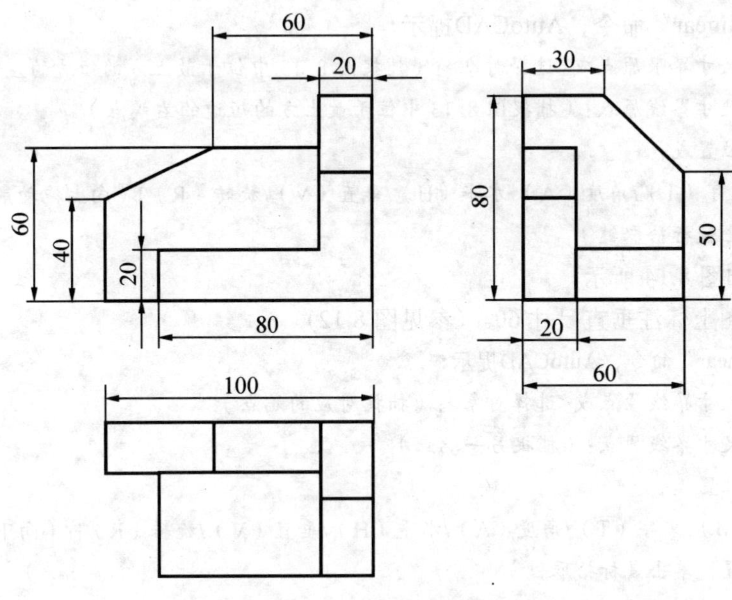

图 8.12　标注尺寸

(2) 标注尺寸。

将标注样式“尺寸 35”设置为当前样式，并将“细实线”图层设置为当前图层。

① 在主视图上标注水平尺寸 100。

单击“标注”工具栏上的[线性]按钮或选择“标注”|“线性”命令，即执行“dimlinear”命令，AutoCAD提示：

指定第一条尺寸界限原点或<选择对象>：↙

选择标注对象：（选择尺寸为 100 的水平边）

指定尺寸线位置或

[多行文字（M）/文字（T）/角度（A）/水平（H）/垂直（V）/旋转（R）]：（向下拖动鼠标，使尺寸线位于适当位置，单击鼠标拾取键）

标注结果如图 8.13 所示（只显示出主视图）。

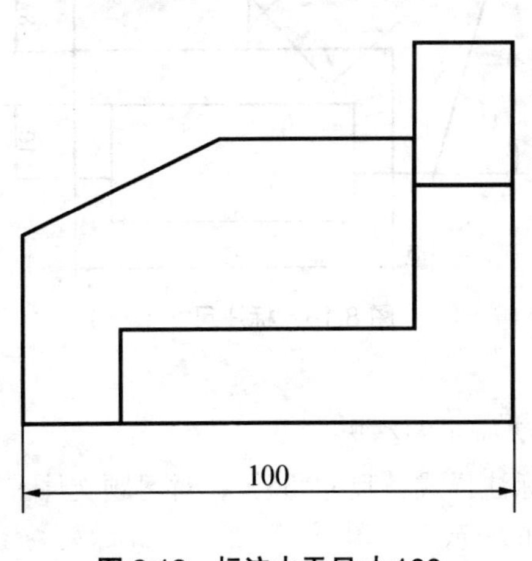

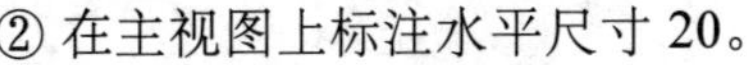

图 8.13　标注水平尺寸 100

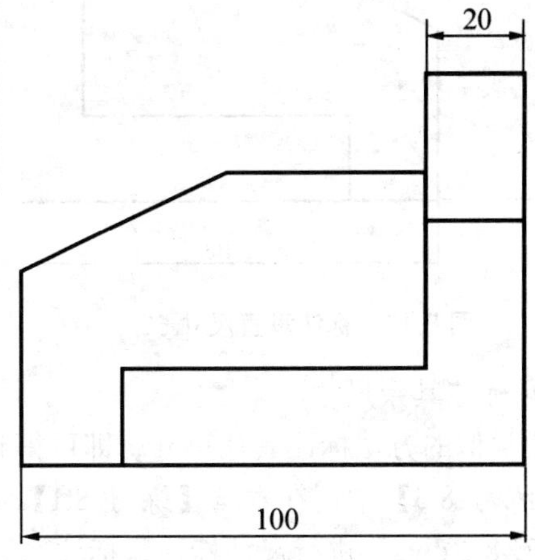

图 8.14　标注水平尺寸 20

② 在主视图上标注水平尺寸 20。

执行“dimlinear”命令，AutoCAD提示：

指定第一条尺寸界限原点或<选择对象>：（捕捉图 8-13 中位于最上方的短边的左端点）

指定第二条尺寸界线原点：（捕捉图 8. 13 中位于最上方的短边的右端点）

指定尺寸线位置或

[多行文字/文字（T）/角度（A）/水平（H）/垂直（V）/旋转（R）]（向上拖动鼠标，使尺寸线位于适当位置，单击鼠标拾取键）

标注结果如图 8.14 所示。

③ 在主视图上标注垂直尺寸 60。(参见图 8.12)

执行“dimlinear”命令，AutoCAD提示：

指定第一条尺寸界线原点或<选择对象>：（捕捉对应的端点）

指定第二条尺寸界线原点：（捕捉另一端点）

指定尺寸线位置或

[多行文字（M）/文字（T）/角度（A）/水平（H）/垂直（V）/旋转（R）]：（向下拖动鼠标，使尺寸线位于适当位置，单击鼠标拾取键）

标注结果如图 8.15 所示。

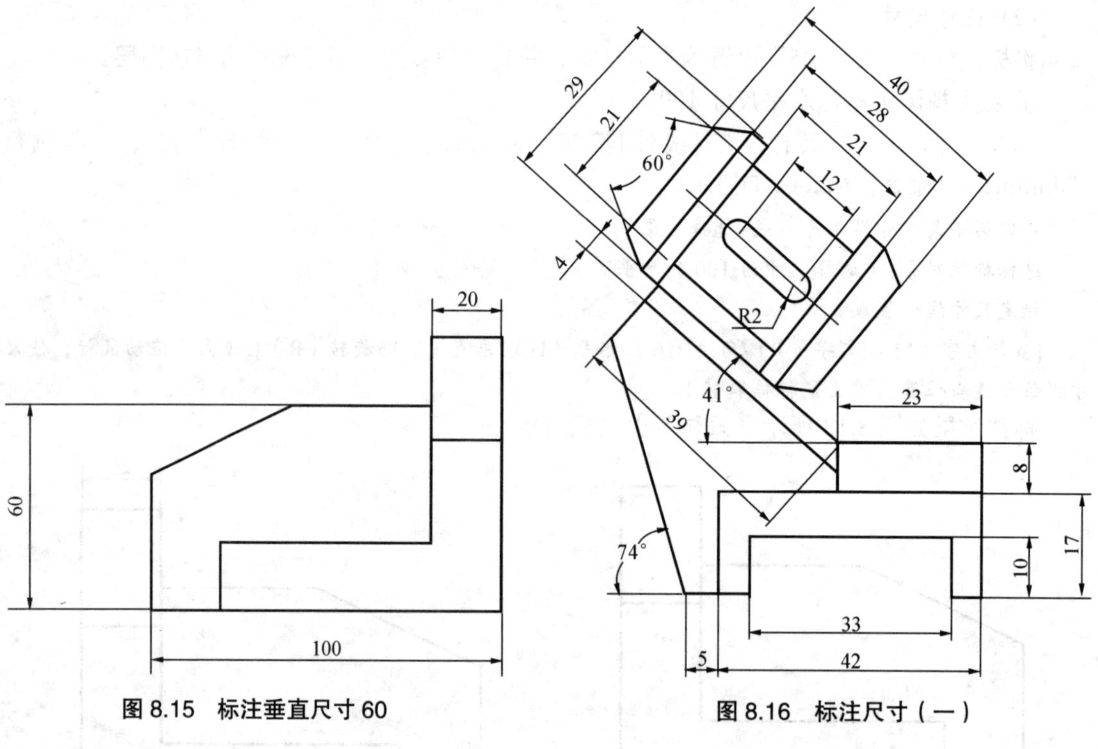

图 8.15　标注垂直尺寸 60　　　　**图 8.16　标注尺寸（一）**

④ 标注其余尺寸

用类似的方法标注其他尺寸，即可得到如图 8.12 所示的结果。

【练习 8.3】　用在本章【练习 8.1】中定义的标注样式“尺寸 35”，对习题文件“第 8 章\图EX8.2.dwg”进行尺寸标注，标注结果如图 8.16 所示。

【练习 8.4】　用在本章【练习 8.1】中定义的标注样式“尺寸 35”，对习题文件“第 8 章\EX8.3.dwg”进行尺寸标注，标注结果如图 8.17 所示。

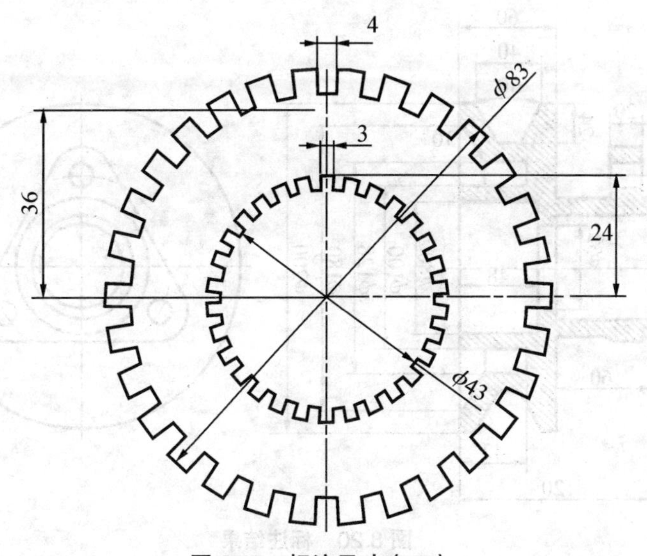

图 8.17　标注尺寸（二）

【练习 8.5】　用在本章【练习 8.1】中定义的标注样式“尺寸 35”，对习题文件“第 8 章\EX8.4.dwg”进行尺寸标注，标注结果如图 8.18 所示。

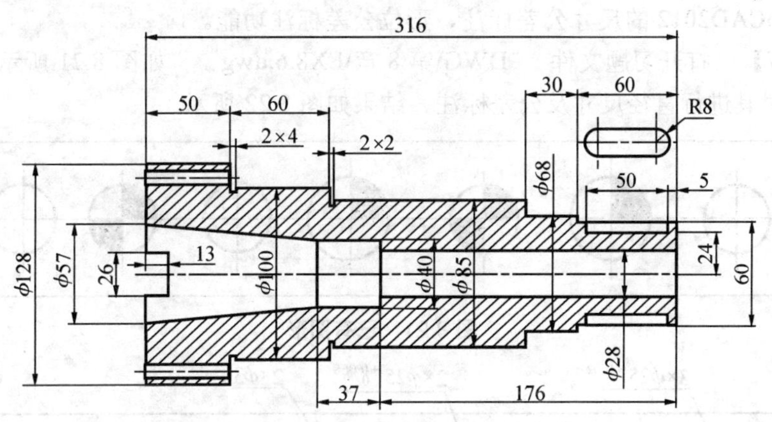

图 8.18　标注尺寸（三）

【练习 8.6】　打开习题文件“DWG\第 8 章\EX8.5.dwg”，如图 10.19 所示。用在本章【练习 8.1】中定义的标注样式“尺寸 35”，对其进行尺寸标注，结果如图 8.20 所示。

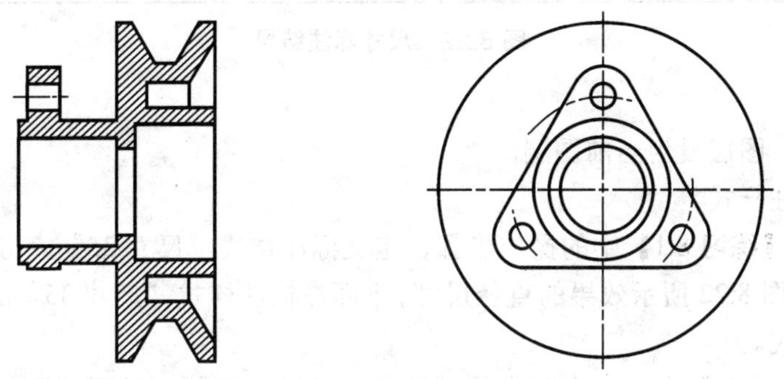

图 8.19　已有图形

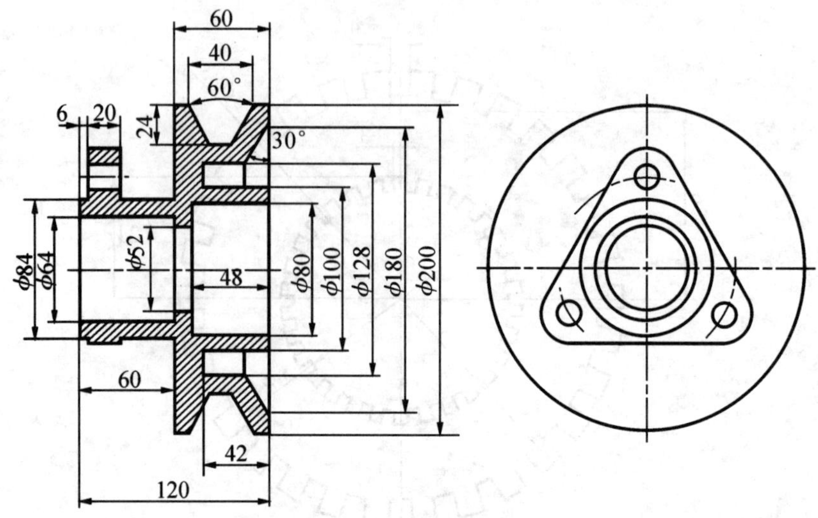

图 8.20 标注结果

8.3 标注尺寸公差与形位公差

掌握AutoCAD2012 的尺寸公差标注、形位公差标注功能。

【练习 8.7】 打开习题文件 “DWG\第 8 章\EX8.6.dwg”，如图 8.21 所示。用标注样式“尺寸 35”对其进行直径尺寸及公差标注，结果如图 8.22 所示。

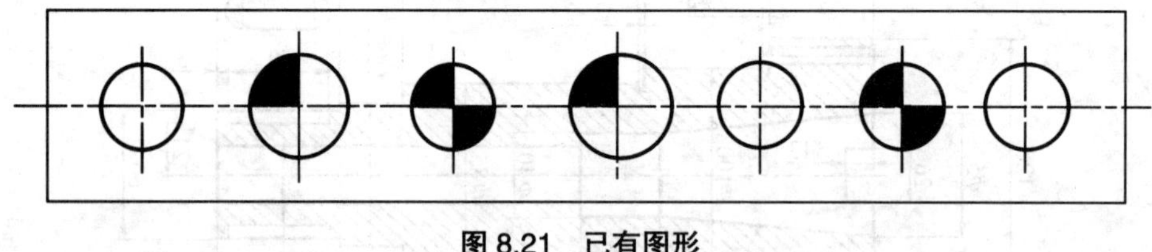

图 8.21 已有图形

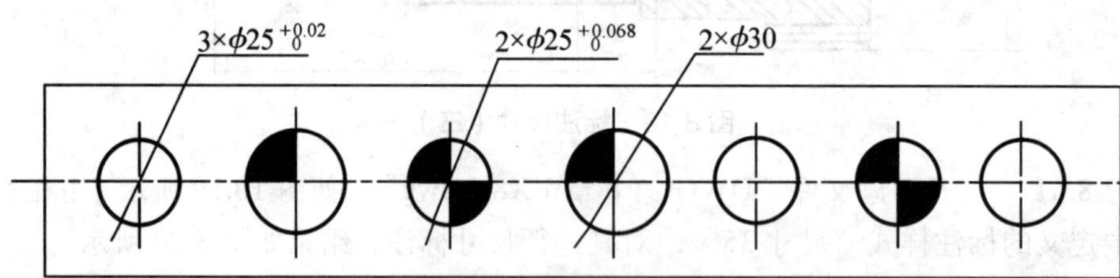

图 8.22 尺寸标注结果

操作提示：

将“细实线”图层设为当前图层。

(1) 修改标注样式。

① 参照本章【练习 8.1】中的操作步骤，定义标注样式“尺寸 35”。(过程略)

② 为标注出图 8.22 所示效果的直径尺寸，下面在标注样式“尺寸 35”的基础上为直径尺寸标注定义子样式。

③ 执行“dimstyle”命令，在弹出的“标注样式管理器”（见图 8.10）中，选中“尺寸

35”。单击[新建]按钮，在弹出的“创建新标注样式”对话框中，在“用于”下拉列表选择“直径标注”，如图 8.23 所示。

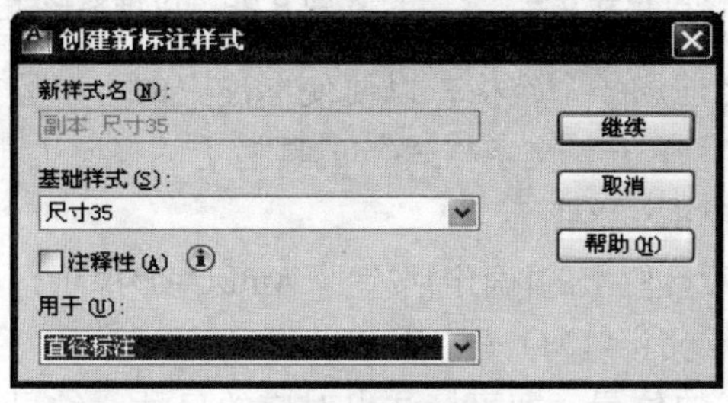

图 8.23　“创建新标注样式”对话框

④ 单击[继续]按钮，在弹出的“新建标注样式”对话框中，在[文字]选项卡的[文字对齐]选项组中选中[水平]选项，如图 8.24 所示。

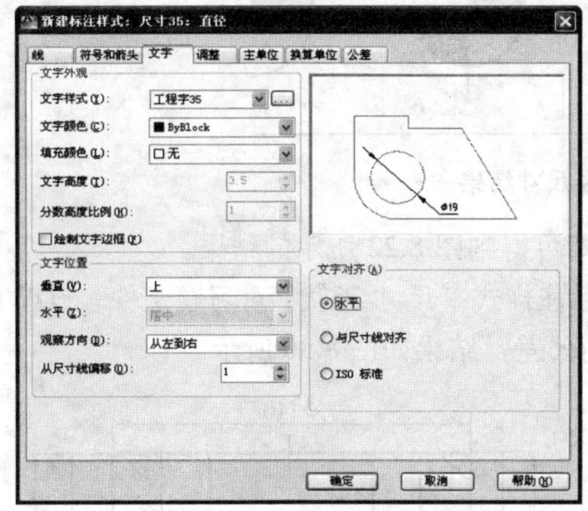

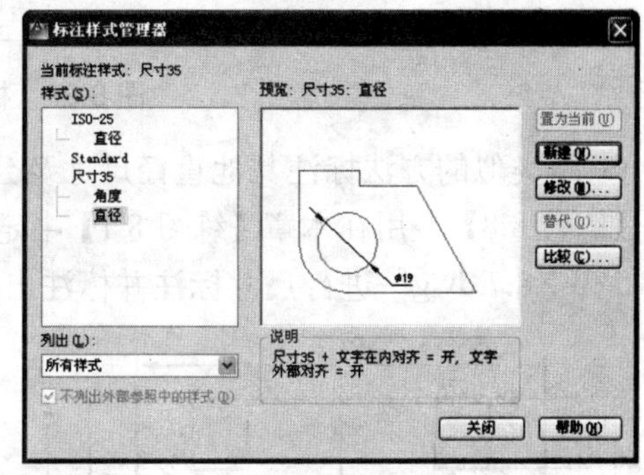

图 8.24　“文字”选项卡　　图 8.25　“标注样式管理器”对话框

⑤ 单击[确定]按钮，AutoCAD返回到“标注样式管理器”对话框，如图 8.25 所示。

⑥ 单击[关闭]按钮，完成直径标注子样式的定义。

(2) 标注直径尺寸与公差。

① 首先标注直径尺寸 3× ϕ25 及其公差。单击[直径]按钮或选择“标注”|“直径”命令，即执行“dimdiameter”命令，AutoCAD提示：

选择圆弧或圆：(选择位于最左边的圆)

指定尺寸线位置或[多行文字（M）/文字（T）/角度（A）]：M↙

AutoCAD弹出“文字格式”工具栏，并显示出所拾取圆的测量尺寸（ϕ25)，如图 8.26 所示。

图 8.26　显示“文字格式”工具栏和尺寸 35

② 修改已有尺寸文字，即在“ ϕ25”之前添加“3×”，在“ ϕ25”之后输入表示公差的部分“+0.02^0”，如图 8.27 所示（只显示出了尺寸文字部分）。

3XΦ25+0.02^ 0

图 8.27 修改尺寸文字

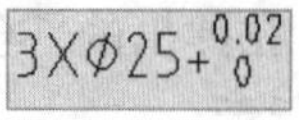

3XΦ25+$^{0.02}_{0}$

图 8.28 以堆叠形式显示公差

注意：要在最后的 0 之前加一个空格，以便使标注出的上下偏差沿垂直方向对齐。

③ 选中“+0.02^ 0”，单击“文字格式”工具栏上的 （堆叠）按钮，所输入的公差文字会以堆叠形式显示，如图 8.28 所示。

④ 单击“文字格式”工具栏上的[确定]按钮，AutoCAD提示：

指定尺寸线位置或[多行文字（M）/文字（T）/角度（A）]:

在此提示下确定尺寸线的位置，即可标注出对应的尺寸，结果如图 8.29 所示。

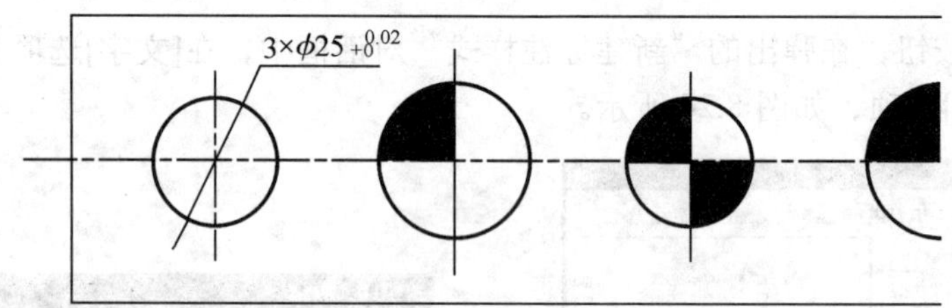

图 8.29 标注直径尺寸结果

⑤ 用类似的方法标注其他直径尺寸及公差，即可得到图 8.22 所示的结果。

【练习 8.8】 用在本章【练习 8.1】中定义的标注样式“尺寸 35”，对习题文件 “DWG\第 8 章\EX8.7.dwg”进行尺寸标注并标注出对应的公差，结果如图 8.30 所示。

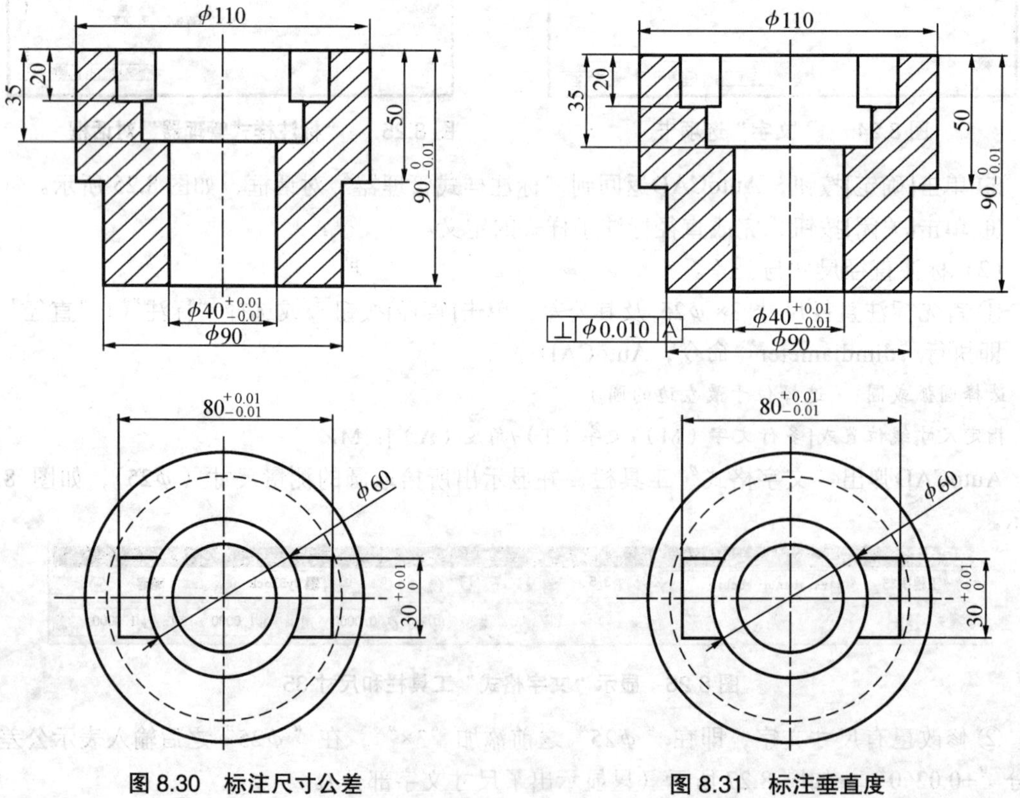

图 8.30 标注尺寸公差 图 8.31 标注垂直度

【练习 8.9】　用在本章【练习 8.1】中定义的标注样式“尺寸 35”，对光盘习题文件 “DWG\第 8 章\EX8.7.dwg”进行垂直度标注（即对上题添加垂直度标注），结果如图 8.31 所示。

注意：标注垂直度时，应先执行“tolerance”命令标注出垂直度，再执行“mleader”命令绘制引线。

8.4　编辑尺寸

掌握AutoCAD的尺寸编辑功能。

【练习 8.10】　对图 8.31 添加的垂直度标注尺寸进行修改，修改结果如图 8.32 所示。

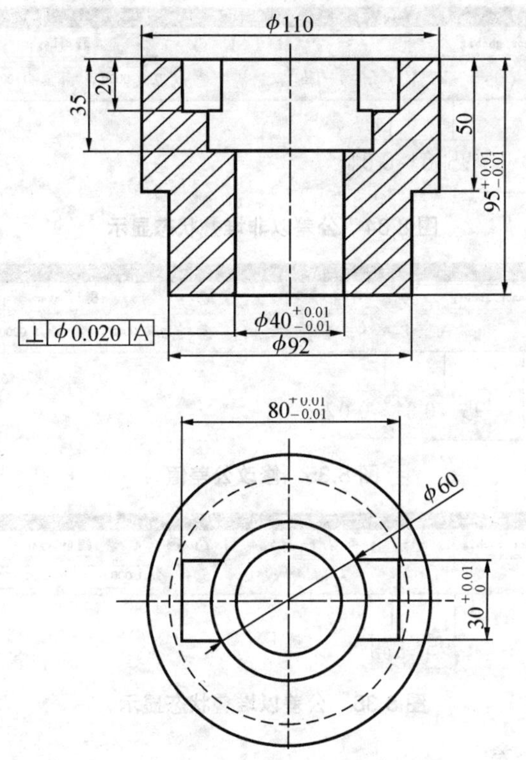

图 8.32　修改尺寸和垂直度后的图形

对比图 8.31 和图 8.32，可以看出，原高度尺寸及公差、直径尺寸、俯视图中的尺寸及公差以及垂直度值均有改变。

操作提示：

(1) 修改尺寸。

① 修改高度尺寸 90 及其公差。

选择“修改”|“对象”|“文字”|“编辑”命令，AutoCAD提示：

选择注释对象或[放弃（U）]:

在此提示下选择尺寸 90，AutoCAD切换到编辑模式，如图 8.33 所示。

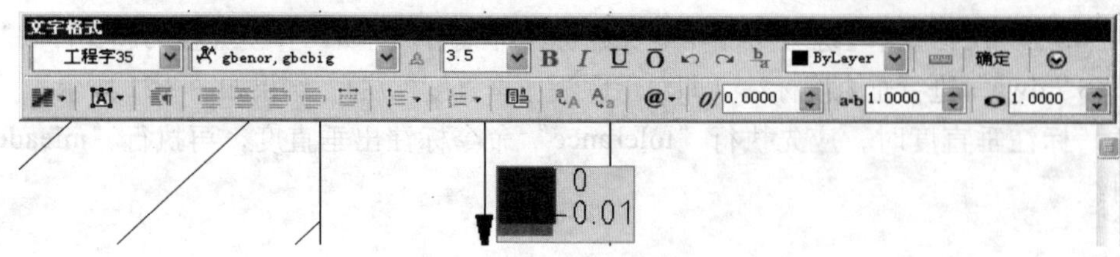

图 8.33　尺寸编辑模式

将尺寸 90 改为 95，选中 0 -0.01，单击按钮 b/a，0 -0.01 变为非堆叠状态，如图 8.34 所示。

修改公差值，如图 8.35 所示。

选中 +0.01^-0.02 ，单击按钮 b/a，使修改后的公差以堆叠形式显示，如图 8.36 所示。

单击工具栏上的[确定]按钮，完成尺寸 90 及其公差的修改。

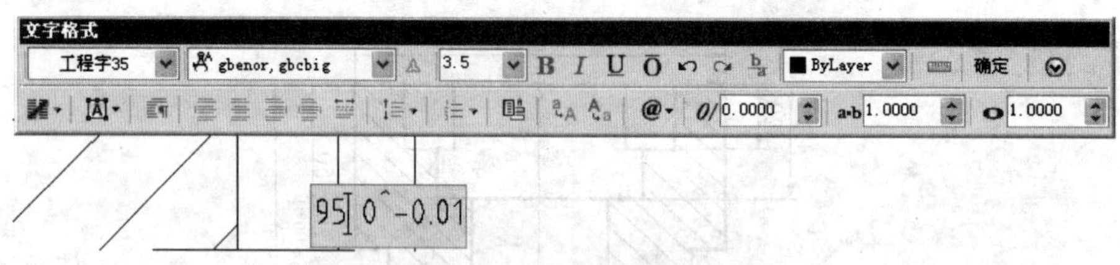

图 8.34　公差以非堆叠状态显示

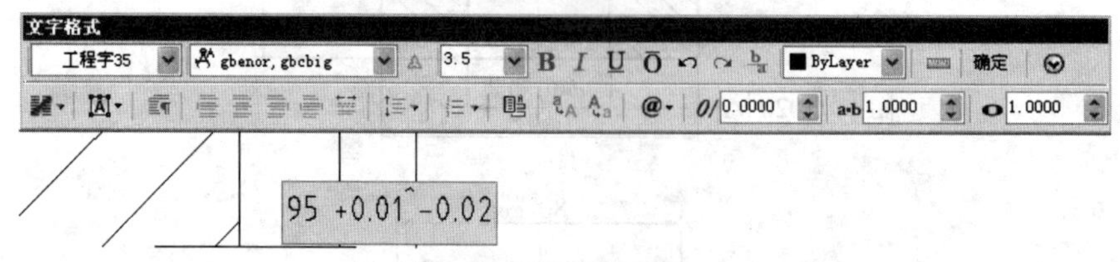

图 8.35　修改公差值

图 8.36　公差以堆叠状态显示

② 修改其他尺寸和公差。

用类似的方法修改其他尺寸和公差，结果如图 8.32 所示。

注意：选择“修改”|“对象”|“文字”|“编辑”命令修改某一尺寸后，AutoCAD会继续提示“选择注释对象或[放弃（U）]：”此时可继续选择尺寸进行修改。

(2) 修改垂直度。

垂直度的修改与前面的尺寸修改类似。选择“修改”|“对象”|“文字”|“编辑”命令，AutoCAD提示：

选择注释对象或[放弃（U）]:

在此提示下选择垂直度标注，AutoCAD弹出对应的“形位公差”对话框，利用其进行修改即可。

【练习 8.11】　对习题文件 “DWG\第 8 章\EX8.8.dwg”（见图 8.22）中的部分尺寸添加公差，并标注垂直度，结果如图 8.37 所示。

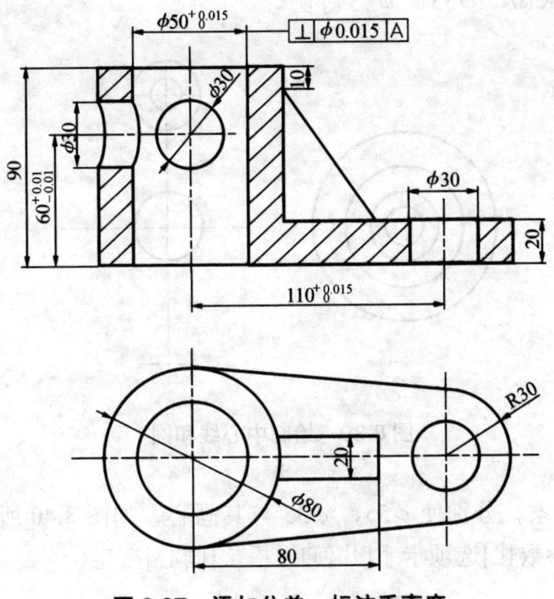

图 8.37　添加公差、标注垂直度

8.5　参数化绘图

【练习 8.12】　利用几何约束关系作图，如图 8.38 所示。

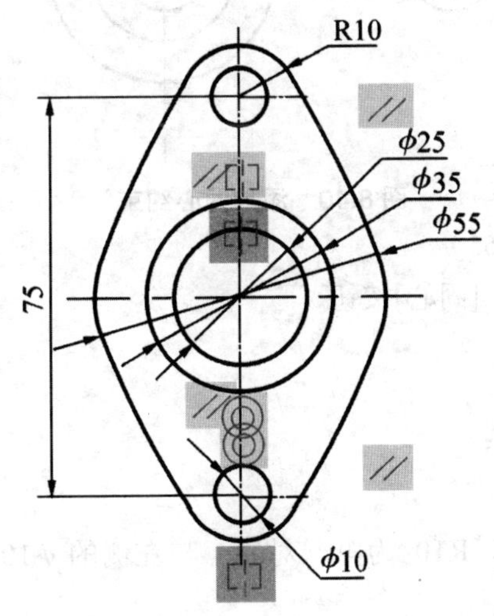

图 8.38　轴套

操作提示：

(1) 建立图层、文字样式、尺寸样式。

（2）绘制中心线和圆。

在点画线层绘制中心线，在粗实线层绘制圆R10、 ϕ10、 ϕ25，如图 8.39 所示。并在左侧适当位置绘制 ϕ10、R10、 ϕ55、 ϕ35 等圆。

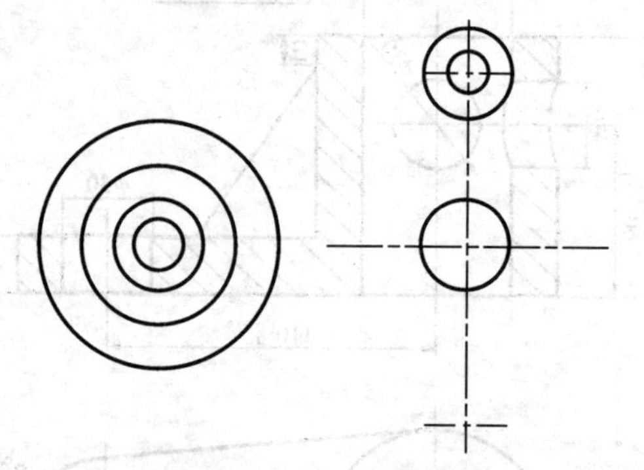

图 8.39 绘制中心线和圆

（3）添加同心约束。

以圆 ϕ25 为第一对象，分别使 ϕ55、 ϕ35 与其同心，如图 8.40 所示。

① 在功能区单击[参数化]选项卡 | [几何]面板 | [同心]按钮：

命令：_gcconcentric

选择第一个对象：（选择圆 ϕ25）

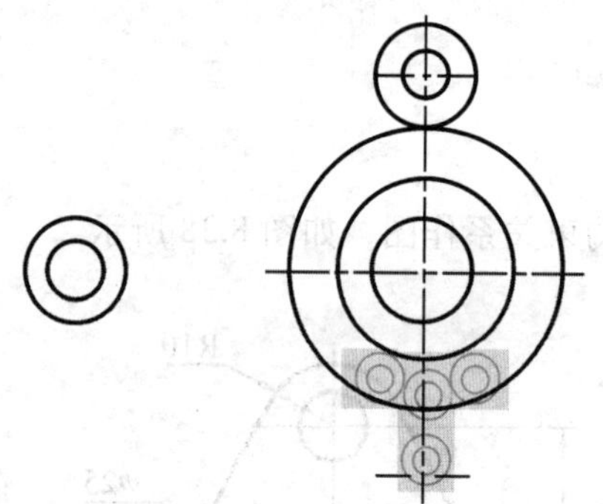

图 8.40 添加同心约束

选择第二个对象：（选择圆 ϕ55）

② 单击[参数化] | [几何] | [同心]按钮：

命令：_ gcconcentric

选择第一个对象：（选择圆φ25）

选择第二个对象：（选择圆φ35）

（4）添加对称约束。

分别以中心线上的圆 ϕ10、R10 为第一对象，与左侧的 ϕ10、R10 建立对称约束，如图 8.41 所示。

① 单击[参数化] | [几何] | [对称]按钮：

命令：_gcsymmetric

选择第一个对象或[两点（2P）]<两点>：（选择中心线上的圆 ϕ10）

选择第二个对象：（选择左侧的 ϕ10）

② 单击[参数化] | [几何] | [对称]按钮：

命令：_gcsymmetric

选择第一个对象或[两点（2P）]<两点>：（选择中心线上的圆R10）

选择第二个对象：（选择左侧的R0）

（5）添加固定约束。

分别对圆 ϕ10（2 个）、ϕ45 添加固定约束，如图 8.42 所示。

① 单击[参数化] | [几何] | [对称]按钮：

命令：_gcfix

选择点或[对象（O）]<对象>：↙

选择对象：（选择位于图形上部的圆 ϕ10）

② 单击[参数化] | [几何] | [对称]按钮：

命令：_gcfix

选择点或[对象（O）]<对象>：↙

选择对象：（选择圆 ϕ55）

③ 单击[参数化] | [几何] | [对称]按钮：

命令：_gcfix

选择点或[对象（O）]<对象>：↙

选择对象：（选择位于图形下部的圆 ϕ10）

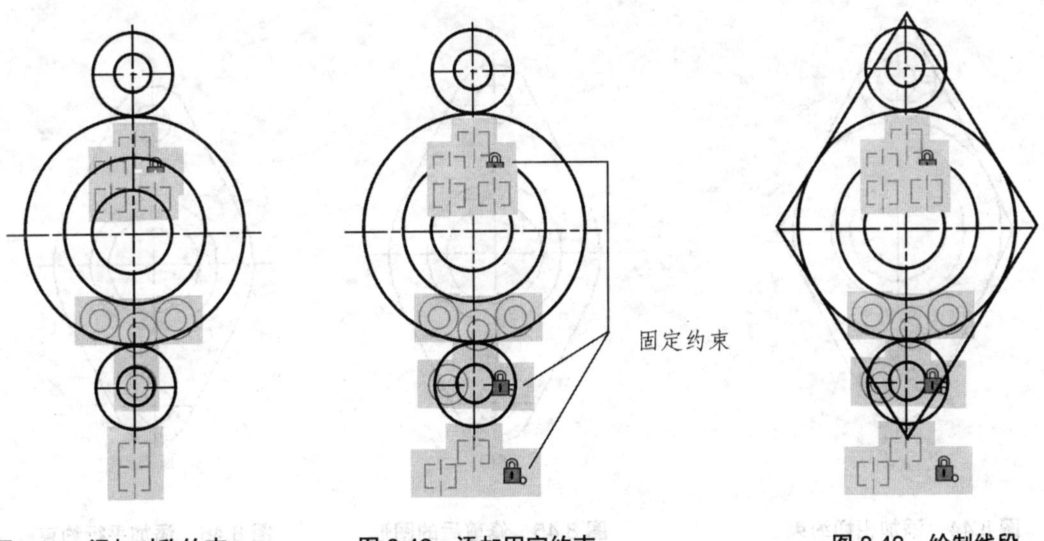

图 8.41　添加对称约束　　**图 8.42　添加固定约束**　　**图 8.43　绘制线段**

（6）绘制线段。

绘制连接点画线端点的 4 条直线（可任意绘制，在后面的步骤中要把它们变换为切线），如图 8.43 所示。

（7）添加相切约束

分别以R10、ϕ55 为第一对象，与 4 条直线建立相切约束，如图 8.44 所示。

① 单击[参数化] | [几何] | [相切]按钮：

命令：_gctangent

选择第一个对象：（选择R10）

选择第二个对象：（选择左上直线）

② 单击[参数化] | [几何] | [相切]按钮：

命令：_gctangent

选择第一个对象：（选择 ϕ55）

选择第二个对象：（选择左上直线）

……

（8）修剪对象。

对图 8.44 进行修剪（修剪时可先关闭点画线层，修剪后再打开，以提高修剪效率），修剪后部分约束被删除，如图 8.45 所示。

（9）添加平行约束。

对 4 条直线建立平行约束，如图 8.46 所示。

① 单击[参数化] | [几何] | [平行]按钮：

命令：_gcparallel

选择第一个对象：（选择左上直线）

选择第二个对象：（选择右下直线）

② 单击[参数化] | [几何] | [平行]按钮：

命令：_gcparallel

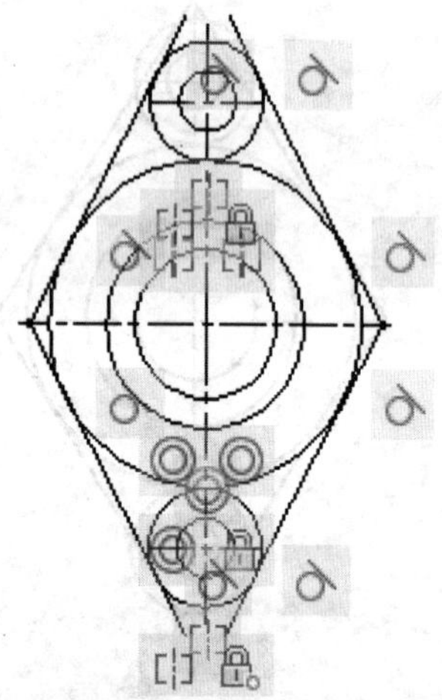

图 8.44　添加相切约束

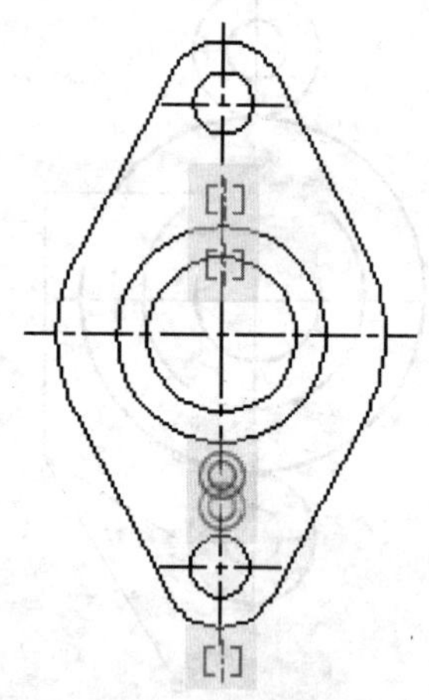

图 8.45　修剪后的图形

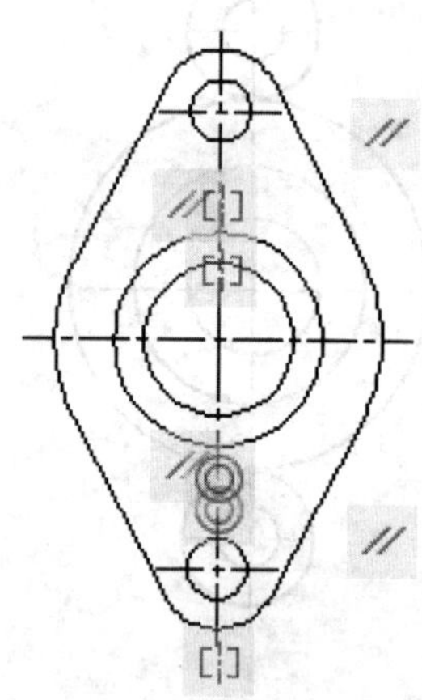

图 8.46　添加平行约束

选择第一个对象：（选择右上直线）

选择第二个对象：（选择左下直线）

（10）标注尺寸，检查，保存。

过程略，最终结果如图 8.38 所示。

【练习 8.13】对图 8.47 进行编辑，要求将圆 ϕ55 改为 ϕ45，且相对关系保持不变（读者可先绘制图 8.47 所示图形，并添加标注约束，然后删除标注约束，再做此题)。

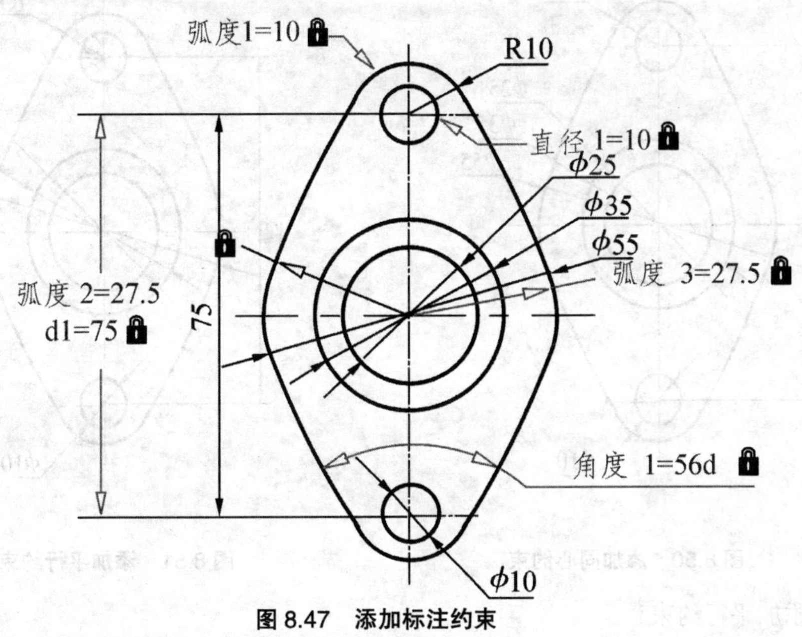

图 8.47　添加标注约束

操作提示：

(1) 添加相切约束。

分别以圆弧R10、圆 ϕ55 为第一对象，对 4 条切线添加相切约束，如图 8.48 所示。

(2) 添加固定约束。

分别以选择对象方式，对 2 个R10 圆弧添加固定约束，如图 8.49 所示。

(3) 添加同心约束。

分别对 ϕ55 左、右圆弧添加同心约束，如图 8.50 所示。

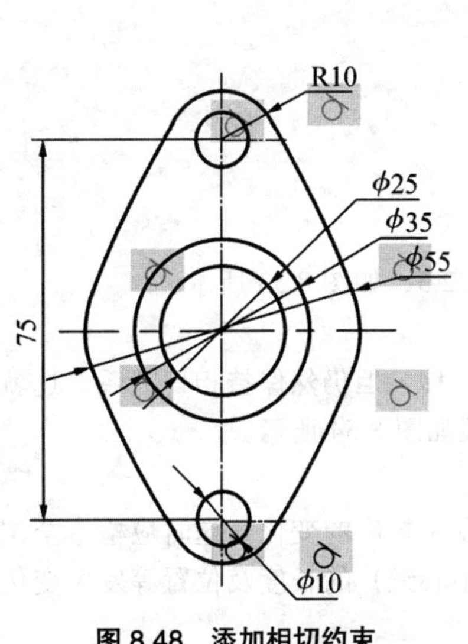

图 8.48　添加相切约束

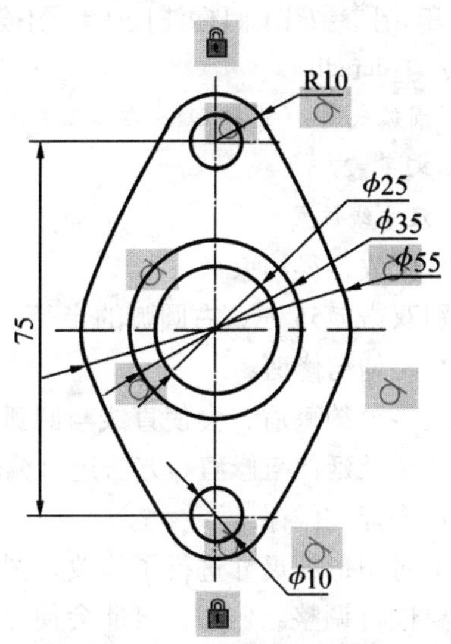

图 8.49　添加固定约束

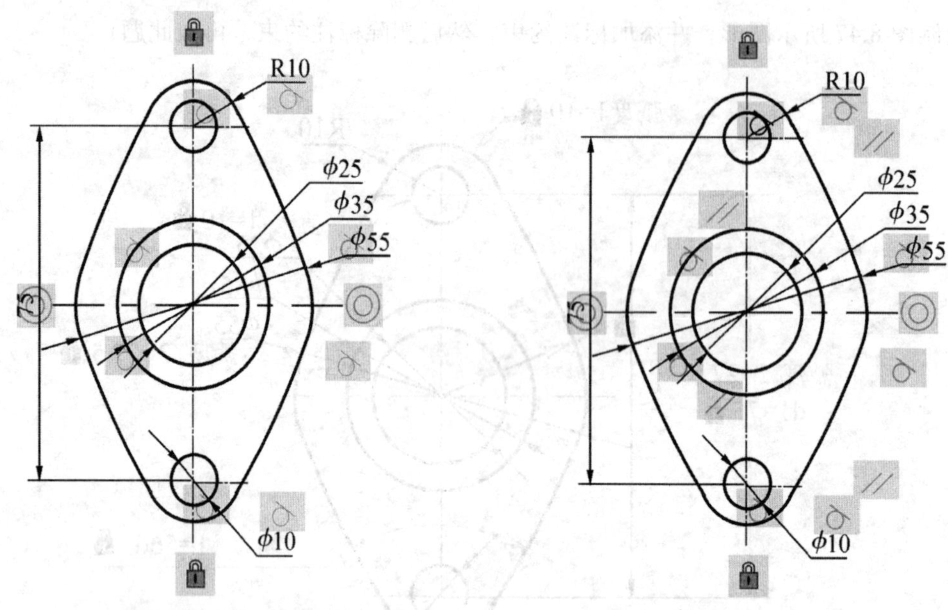

图 8.50 添加同心约束　　　　图 8.51 添加平行约束

（4）添加平行约束。

分别对与 φ55 左、右圆弧相切的直线添加平行约束，如图 8.51 所示。

（5）添加半径约束。

分别对 φ55 左、右圆弧添加半径约束，如图 8.52 所示。

① 单击[参数化]|[标注]|[半径]按钮：

命令：_dcradius

选择圆弧或圆：（选择∅55 左圆弧）

标注文字：27.5

指定尺寸线位置：↙

② 单击[参数化]|[标注]|[半径]按钮：

命令：_dcradius

选择圆弧或圆：（选择∅55 右圆弧）

标注文字=27.5

指定尺寸线位置：

（6）修改半径约束。

分别双击 φ55 左、右圆弧的半径，将半径改为 22.5，如图 8.53 所示。

（7）延伸与修剪。

修改半径约束后，会使直线与圆弧相切处发生位移，但仍然保持相切关系。这就需要利用作辅助圆及延伸与修剪等方法进行编辑，编辑结果如图 8.54 所示。

（8）检查、保存。

由于对图形的尺寸进行了修改，图形的大小会发生相应的变化，这时应检查全图，并对有关对象进行调整。例如，可能会使点画线（对称中心线）的长度及位置等发生变化等。调整修改完毕后，保存图形，最终结果如图 8.55 所示。

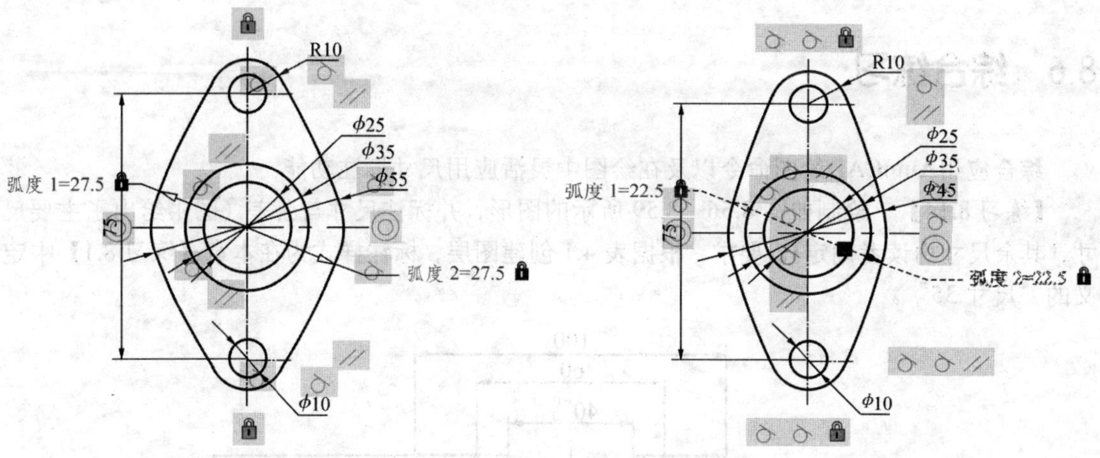

图 8.52　添加半径约束　　图 8.53　修改标注半径

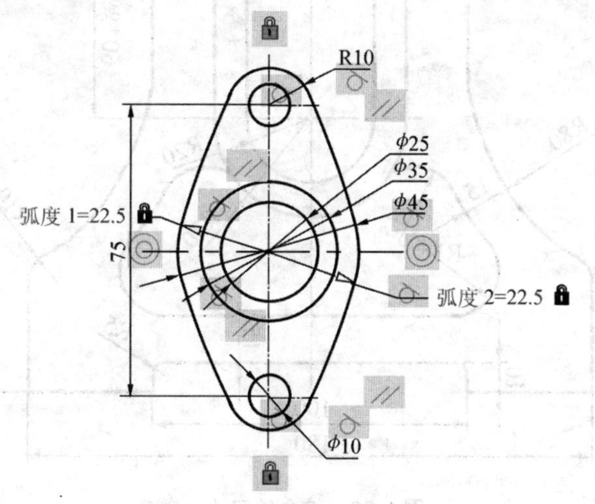

图 8.54　延伸与修剪结果

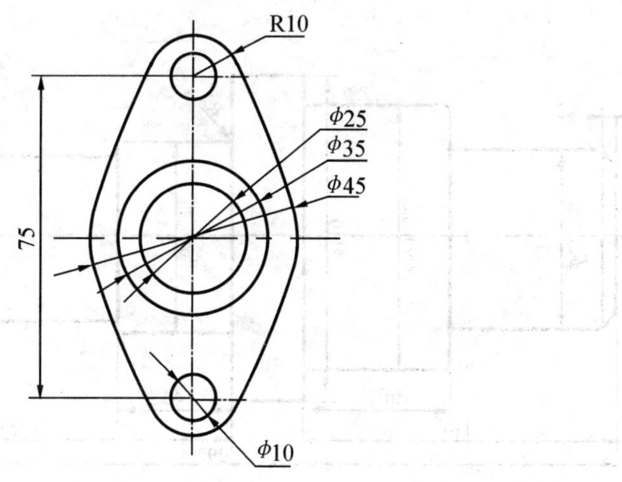

图 8.55　最终结果

8.6　综合练习

综合应用AutoCAD绘图命令以及在绘图中灵活应用尺寸标注功能。

【练习 8.14】　绘制如图 8.56～8.59 所示的图形，并标注尺寸与公差（图中给出了主要尺寸，其余尺寸由读者确定）。要求：根据表 4.1 创建图层，标注样式为在本章【练习 8.1】中定义的“尺寸 35”。

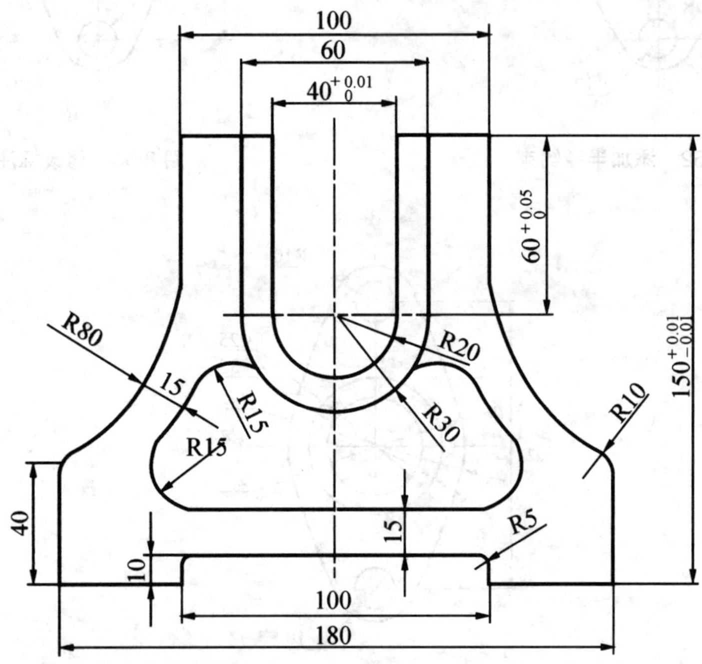

图 8.56　综合练习（一）

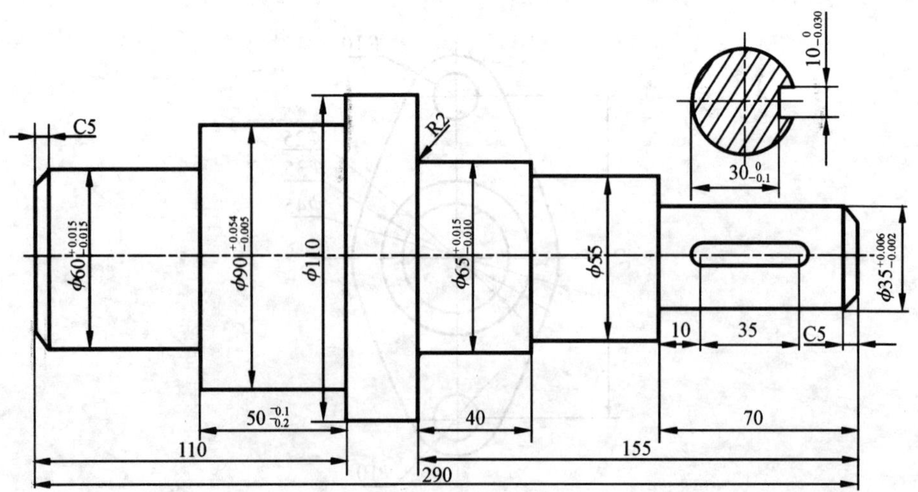

图 8.57　综合练习（二）

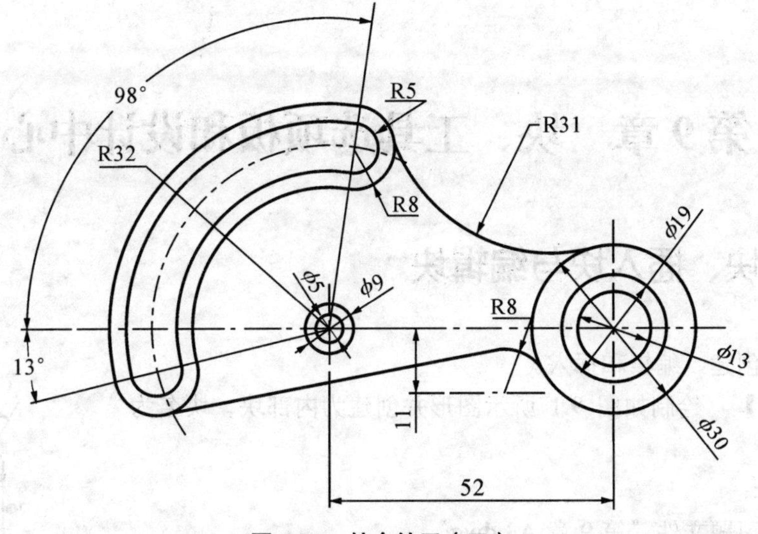

图 8.58　综合练习（三）

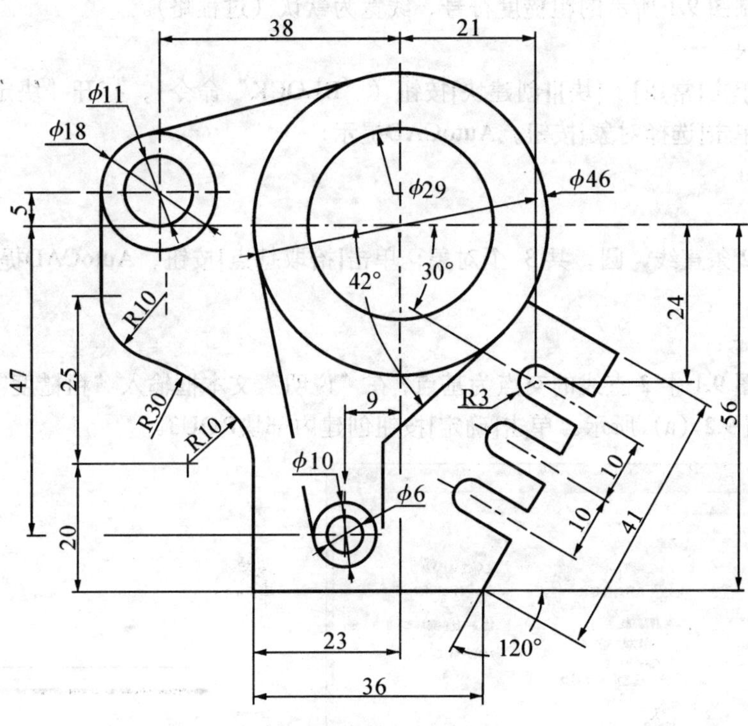

图 8.59　综合练习（四）

第 9 章　块、工具选项板和设计中心

9.1　创建块、插入块与编辑块

掌握块的创建、编辑和插入。

【练习 9.1】　绘制如图 9.1 所示图形并创建为内部块，块名为 ROU3。

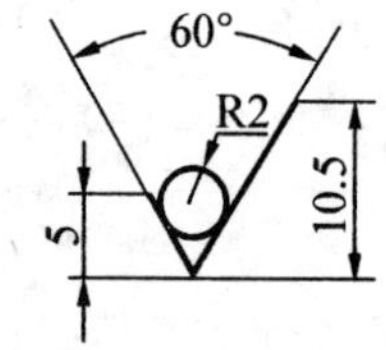

图 9.1　粗糙度

操作提示：

（1）打开习题文件“第 9 章\A3.dwg”。

（2）绘制粗糙度符号。

在 0 层绘制图 9.1 所示的粗糙度符号，线宽为默认（过程略）。

（3）创建块。

在功能区单击[常用] | [块]|[创建块]按钮（“BLOCK”命令），打开“块定义”对话框。在该对话框中单击[选择对象]按钮，AutoCAD提示：

命令：_block

选择对象：

此时选择 2 条直线、圆，共 3 个对象；单击[拾取基点]按钮，AutoCAD提示：

选择对象：

指定插入基点：

此时拾取图 9.1 中 2 直线的交点为基点，在“说明”文本框输入“粗糙度”，并将块命名为ROU3，如图 9.2（a）所示。单击[确定]按钮创建内部块ROU3。

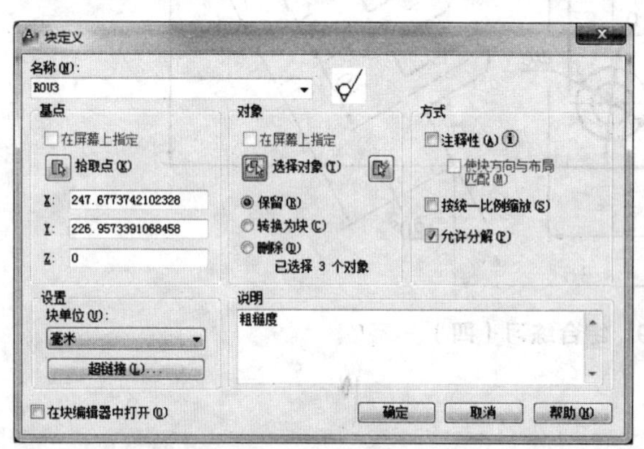

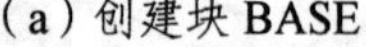
（a）创建块 BASE

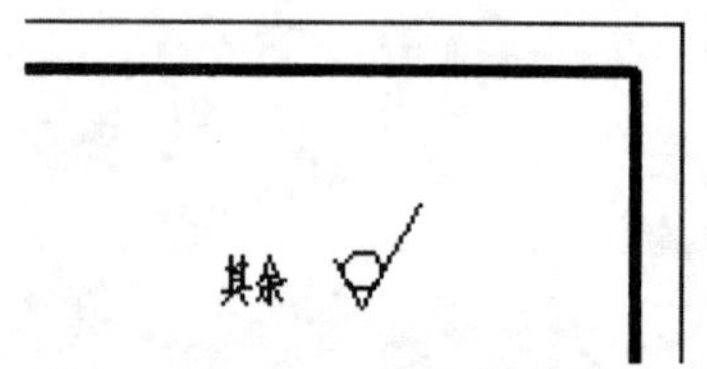

（b）在图框中插入粗糙度符号（局部）

图 9.2　创建块和插入块

【练习 9.2】　在完成【练习 9.1】，创建了内部块ROU3 后，插入创建的图块ROU3，如图 9.2（b）所示。

【练习 9.3】　创建基准块，如图 9.3 所示，并通过编辑块将基准块修改为动态翻转基准块；插入该基准块，并将该基准块创建为外部块。

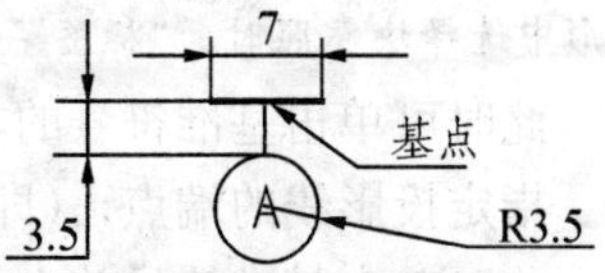

图 9.3　基准符号

(1) 绘制基准符号。

绘制图 9.3 所示的基准符号。要求：在 0 层绘制，单行文字，字高 3.5，中间对齐，水平直线线宽 0.35，其余线宽为默认（过程略）。

(2) 创建块。

在功能区单击[常用] | [块]|[创建块]按钮（“BLOCK” 命令），打开 “块定义” 对话框。在该对话框中单击[选择对象]按钮，AutoCAD提示：

命令：_block

选择对象：

此时选择 2 条直线、圆和字母A，共 4 个对象；单击[拾取基点]按钮，AutoCAD提示：

选择对象：

指定插入基点：

此时拾取图 9.3 所示的基点，在 “说明” 文本框输入 “基准”，并将块命名为BASE，如图 9.4 所示。单击[确定]按钮创建内部块BASE（这种含有复合对象的块，可称为块参照）。

(3) 编辑块。

在功能区单击[常用] | [块]|[块编辑器]按钮（“BEDIT” 命令），打开 “编辑块定义” 对话框，并选择块BASE，如图 9.5 所示。单击[确定]按钮进入块编辑器。

图 9.4　创建块 BASE

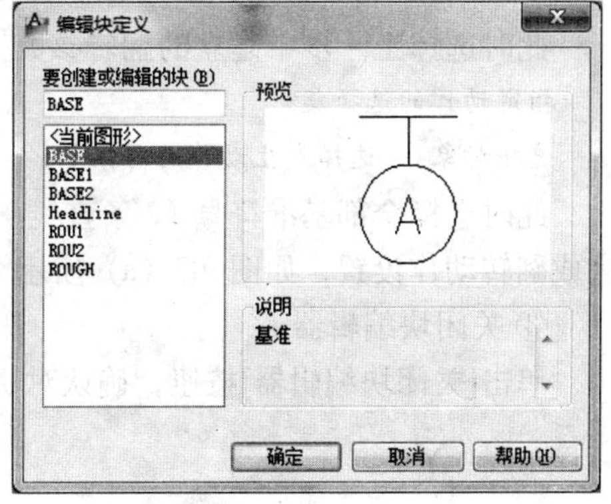

图 9.5　编辑块 BASE

① 设置翻转参数。

“翻转参数” 选项用于绕投影线镜像对象。在功能区单击[块编辑器]选项卡 | [操作参数]面板[见图 9.6（a）] | [动作参数]下拉列表 | [翻转]按钮或在 “块编写选项板”（参见教材 9.3 中的工具选项板）的[参数]选项卡中单击[翻转]按钮，AutoCAD提示：

命令：_bparameter 翻转

指定投影线的基点或 [名称（N）/标签（L）/说明（D）/选项板（P）]:（其中，“标签” 选项用于自定义参数位置的说明标签；“名称” 选项用于自定义参数的 “名称”；“说明” 选项用于 “标签” 自定义特性的扩展说明，插入块参照时，此说明将显示在“特性”选项板底部；“选项板”选项用于确定在图形中选择块参照时，“标签”自定义特性是否显示在“特性”选项板中）

此时可单击基准符号的右端点作为投影线的基点，AutoCAD继续提示：

指定投影线的端点：（即指定翻转的镜像对称线的位置）

此时单击基准符号的左端点作为投影线的端点，AutoCAD继续提示：

指定标签位置：（把标签放到适当的位置）

此时，单击基准符号的右端点的适当位置以指定标签（翻转状态 1）位置，如图 9.6（b）所示（注意：图中箭头附近有一个黄色的“ ！ ”，表示没有与参数关联的动作）。

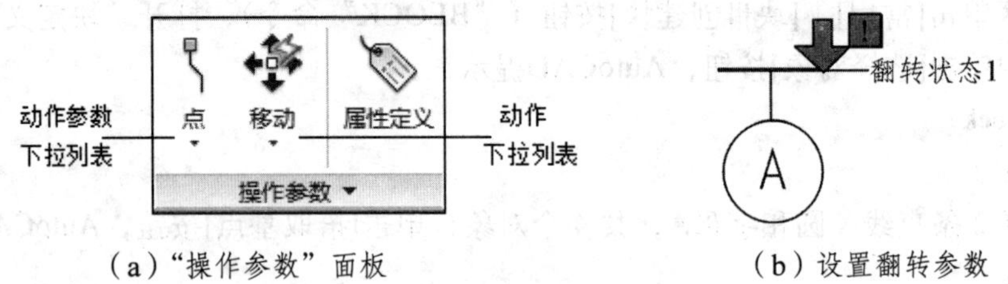

（a）“操作参数”面板　　（b）设置翻转参数

图 9.6　“操作参数”面板及翻转参数设置

② 设置翻转动作。

“翻转动作”选项用于确定在块参照中触发该动作时，对象集将怎样进行翻转（绕翻转参数的投影线翻转）。翻转动作仅可以与翻转参数相关联。在功能区单击[块编辑器]选项卡 | [操作参数]面板 | [动作]下拉列表 | [翻转]按钮或在“块编写选项板”（参见教材 9.3 工具选项板）的[动作]选项卡中单击[翻转]按钮，AutoCAD提示：

命令：_bactiontool翻转

选择参数：（选择翻转参数）

此时选择上一步中建立的翻转参数“翻转状态 1”，AutoCAD继续提示：

指定动作的选择集

选择对象：（选择发生动作的对象）↙

此时选择全部基准符号（2 条直线、圆和字母A，共 4 个对象），然后按Enter键或Space键，完成翻转动作设置，如图 9.7（a）所示（注意：此时图中箭头附近黄色的“！ ”消失了）。

③ 关闭块编辑器。

单击[关闭块编辑器]按钮，确认对块定义的修改[见图 9.7（b）]，则完成块的编辑。

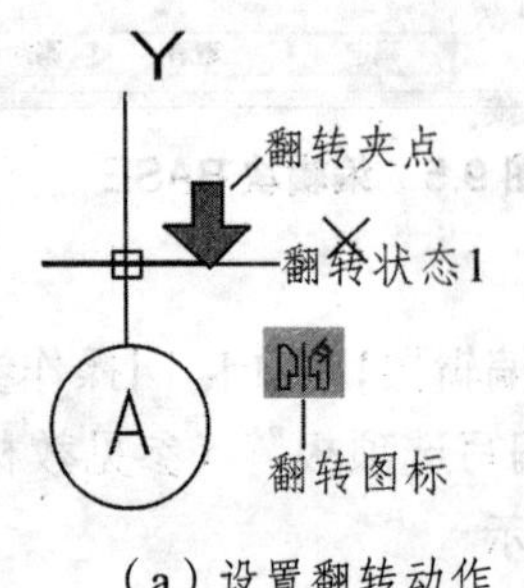

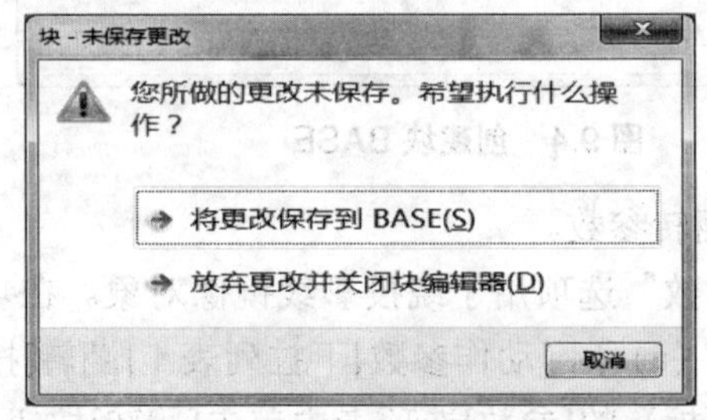

（a）设置翻转动作　　（b）“块－未保存更改”对话框

图 9.7　“块编写选项板”及翻转动作设置

（4）插入BASE块。

在功能区单击[常用] | [块]|[插入]按钮（“INSERT”命令），打开“插入”对话框。在“名称”文本框中选择BASE块，预览的闪电图标指示该块为动态块，如图 9.8 所示。单击[确定]按钮，在屏幕上指定插入点，即可在图形中插入BASE块，如图 9.9（a）所示。

如果单击图 9.9（a），再单击翻转夹点按钮则可实现对BASE块的翻转控制，如图 9.9（b）所示。

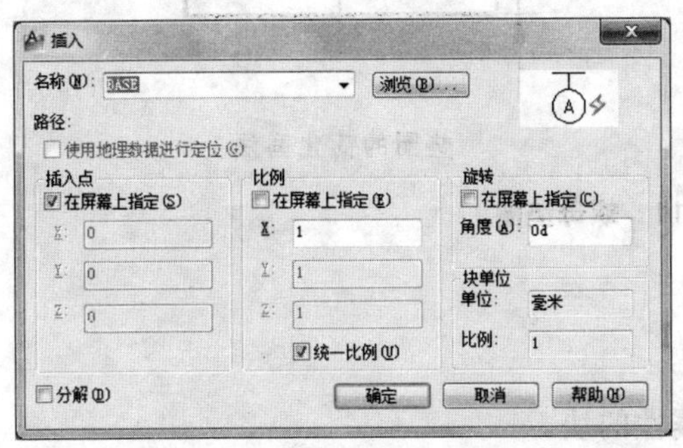
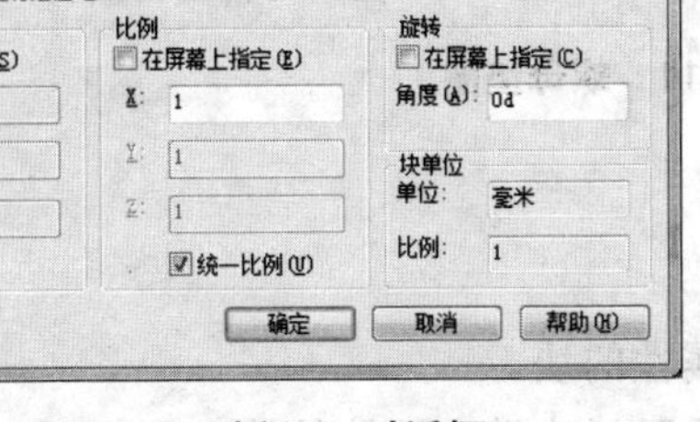

图 9.8　“插入”对话框

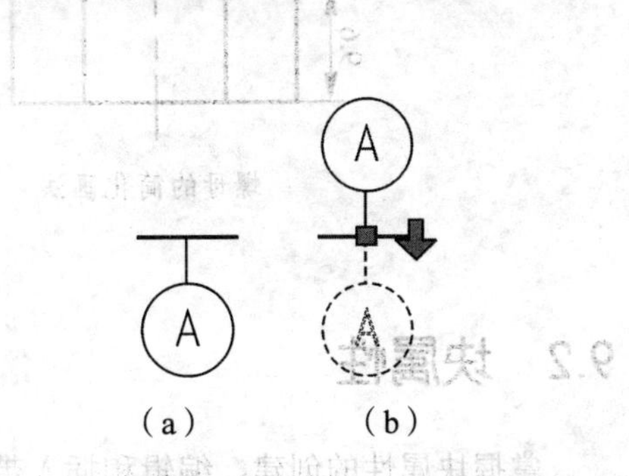

图 9.9　插入 BASE 块及 BASE 块翻转

（5）检查、保存。

检查图形，测试BASE块。可以把基准块以写块的方法保存为外部块，以便在文件中调用。在功能区单击[插入] | [块定义]|[创建块▼] | [写块]按钮（“WBLOCK”命令），在打开的“写块”对话框中，选择已创建为内部块的BASE作为块源，并以“基准.dwg”为文件名，如图 9.10（a）所示。单击[确定]按钮，保存到“E: \”中。

若要使用外部块，使用插入块的方法打开“插入”对话框，单击“名称”文本框右侧的[浏览]按钮，在打开的“选择图形文件”对话框中，选择要插入的外部块文件“E: \基准. dwg”，如图 9.10（b）所示。单击[确定]按钮，插入到指定位置。

（a）写块

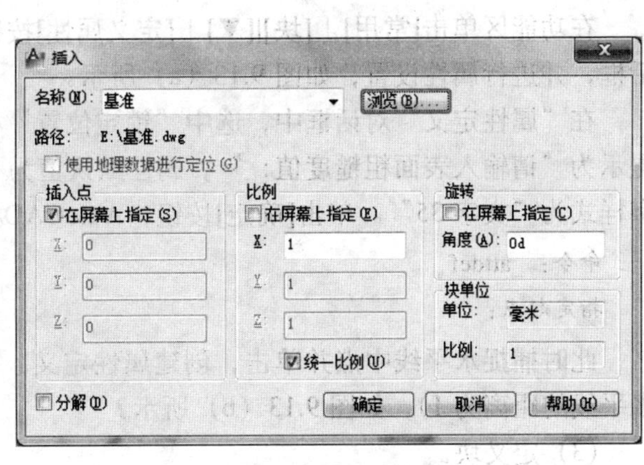

（b）插入外部块

图 9.10　写块、插入外部块

【练习 9.4】 参照图 9.11，在 0 图层创建六角螺母和垫圈外部块，分别保存为“螺母.dwg”和“垫圈.dwg”。

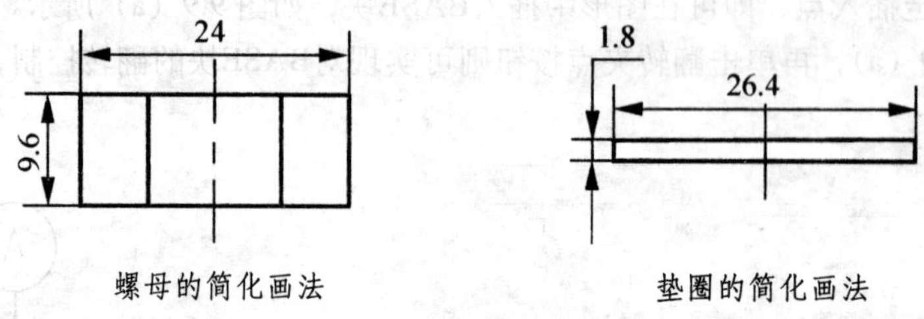

图 9.11　螺母垫圈

9.2　块属性

掌握块属性的创建、编辑和插入带有属性的块。

【练习 9.5】 参照图 9.12（a），在 0 图层创建带有属性的块。要求：文字高度为 3.5，线宽为默认线宽。

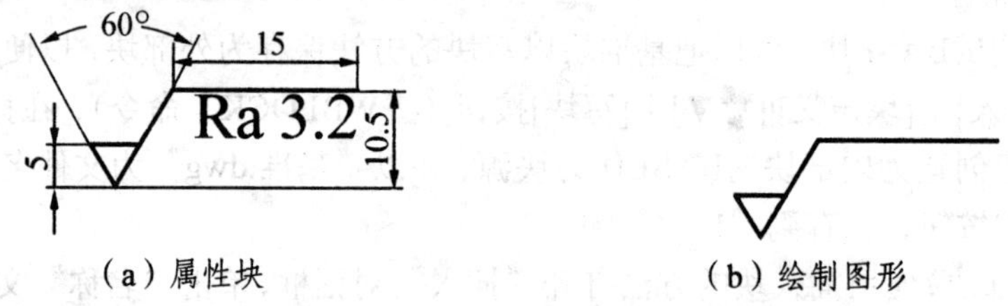

图 9.12　创建属性块

操作提示：

（1）绘制图形

切换到 0 图层，绘制如图 9.12（b）所示图形。

（2）定义属性

在功能区单击[常用] | [块]|[▼] | [定义属性]按钮（“attdef”命令），打开“属性定义”对话框，并进行属性设置，如图 9.13（a）所示。

在“属性定义”对话框中，选中“锁定位置”模式，设置属性标记为“ROUGH”，属性提示为“请输入表面粗糙度值：”，属性默认值为“Ra 3.2”，文字对正方式为“中间”，文字样式为“文字 35”。单击[确定]按钮，AutoCAD提示：

```
命令：_attdef
指定起点：
```

此时捕捉水平线中点并单击，创建属性定义。然后将属性标记向下移动 2.75（使文字与水平线的距离为 1），如图 9.13（b）所示。

（3）定义块。

在功能区单击[常用] | [块]|[创建块]按钮（“block”命令），打开“块定义”对话框。在该对话框中单击[选择对象]按钮，选择组成表面粗糙度符号的图形和属性标记“ROUGH”，共 5 个对象，并选择[删除]单选项；单击[拾取基点]按钮，拾取表面粗糙度符号下面的尖端为

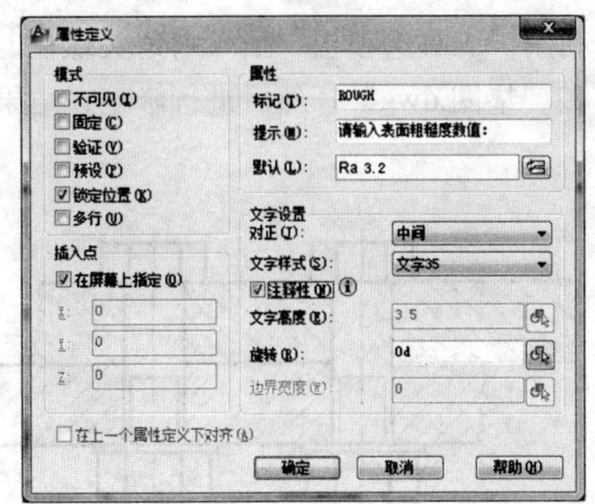

（a）属性定义

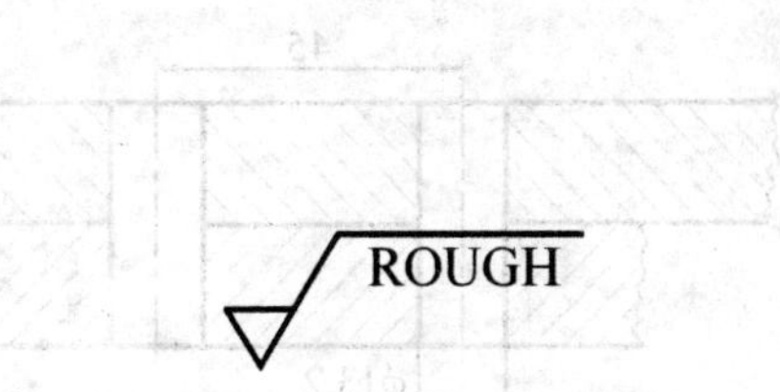

（b）具有属性的表面粗糙度符号

图 9.13　定义属性

基点；在“方式”选项组中选择“注释性”和“允许分解”复选框；在“说明”文本框输入“表面粗糙度”；并将块命名为NEWROUGH，如图 9.14 所示。单击[确定]按钮，则创建了内部块NEWROUGH。

图 9.14　定义块

（4）检查、保存。

在功能区单击[常用]｜[块]|[插入]按钮（“insert”命令），插入NEWROUGH块时，AutoCAD提示：

命令：_insert

指定插入点或[基点（B）/比例（S）/旋转（R）]：

输入属性值

请输入表面粗糙度值：<Ra3.2>：（按Enter键或按Space键，则表面粗糙度值为Ra3.2），此时可输入表面粗糙度值。然后检查、测试属性块并保存。

9.3　工具选项板

熟悉工具选项板的应用。

【练习 9.6】　绘制图 9.15（a）所示图形后，利用“工具选项板”插入六角头螺栓，并插入本章【练习 9.4】中创建的外部块“螺母.dwg”和“垫圈.dwg”，然后进行修整，结果如图 9.15（b）所示。

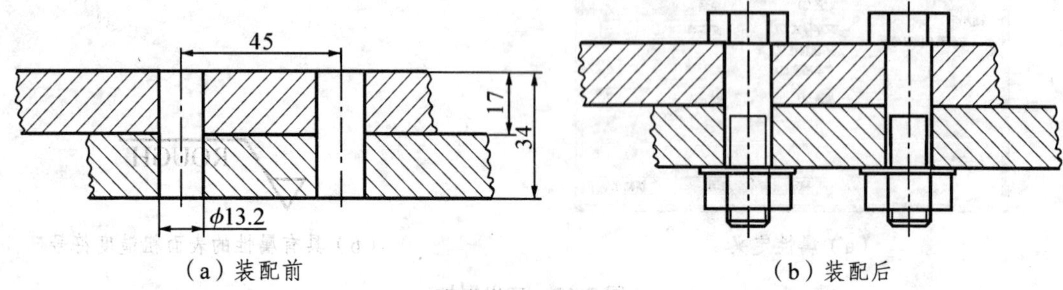

（a）装配前　　（b）装配后

图 9.15　轴、轴承装配

操作提示：

（1）绘制图 9.15（a）所示图形。（过程略）

（2）将六角头螺栓动态块拖入绘图窗口。

切换到粗实线层，在功能区单击[视图]｜[选项板]|[工具选项板]按钮（“toolpalettes”命令），在打开的“工具选项板”窗口中选择[机械]选项卡，并在该选项卡中的公制样例中单击动态块 六角头螺栓 - 公制，然后移动鼠标将其拖放到绘图窗口的适当位置。

（3）调整六角头螺栓外径。

选择插入的六角头螺栓动态块，单击其中的大径动态夹点（若动态块尺寸较小，可适当放大窗口），在弹出的菜单中选择“M12”型，即该螺纹大径为 12。

（4）装配六角头螺栓、插入外部块。

选择设置好螺纹大径的六角头螺栓，将其旋转 90º并移动至如图 9.15（b）所示位置；插入本章【练习 9.4】中创建的外部块“螺母.dwg和垫圈.dwg”，并修整（分解块、倒角、调整中心线等），结果如图 9.15（b）所示。

（5）检查、保存。

检查装配位置是否准确后，保存文件为“EX9.6.dwg”。

9.4　AutoCAD 设计中心

掌握AutoCAD设计中心的使用。

【练习 9.7】　将习题文件“第 9 章\A3.dwg”中的块、图层、文字样式、标注样式、表格样式和多重引线样式等对象复制到当前图形中。

操作提示：

（1）复制块定义。

新建图形文件，保存为“EX9.7.dwg”，并作为当前图形文件。利用设计中心找到习题文件“第 9 章\A3.dwg”，如图 9.16 所示。

图 9.16 利用设计中心找到某一图形文件

在文件夹列表中单击块图标夹或在内容区域双击块图标夹，AutoCAD会显示出块图标夹中的块图标，如图 9.17 所示。

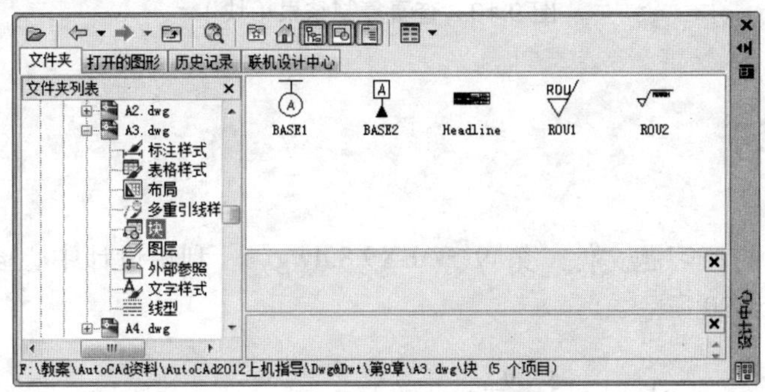

图 9.17 块图标夹中的块图标

此时，将所需要的块一个个插入或拖至当前图形，输入相应的属性，就可以完成块的复制。如果只保留块定义，则可将当前图形中的块删除。

(2) 复制图层、文字样式、标注样式、表格样式和多重引线样式。

在内容区域双击文字样式图标夹，AutoCAD显示出其中的文字样式图标，如图 9.18 所示。然后选中多个文字样式图标拖至当前图形中，则完成文字样式的复制。可用同样的方法复制标注样式、表格样式和多重引线样式等。

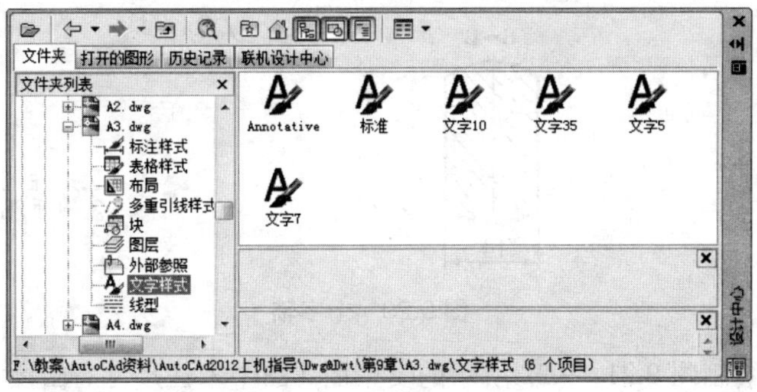

图 9.18 复制文字样式

(3) 查看复制结果并保存。

在设计中心单击[打开的图形]选项卡，找到图形文件“EX9.7.dwg”，分别打开相应的图标夹查看复制结果，如图 9.19 所示。最后保存图形文件。

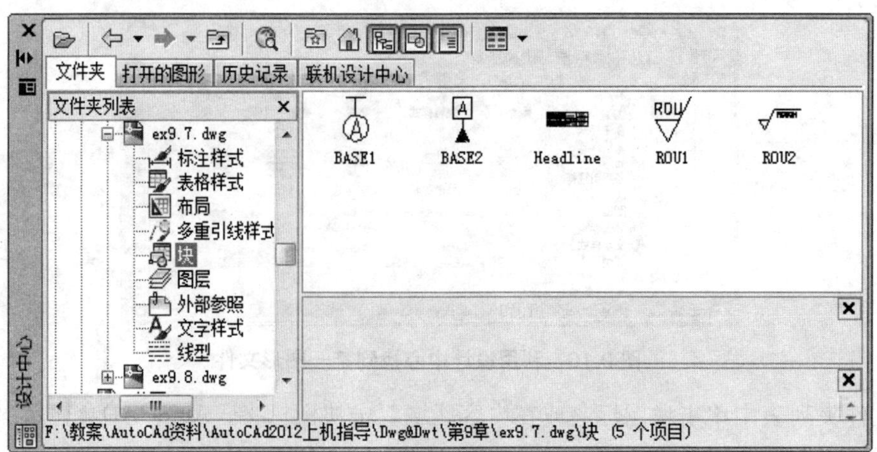

图 9.19 查看复制结果（块）

9.5 综合练习

【练习 9.8】 打开习题文件“第 9 章\EX9.8.dwg”，利用设计中心插入表面粗糙度和基准符号，结果如图 9.20 所示。

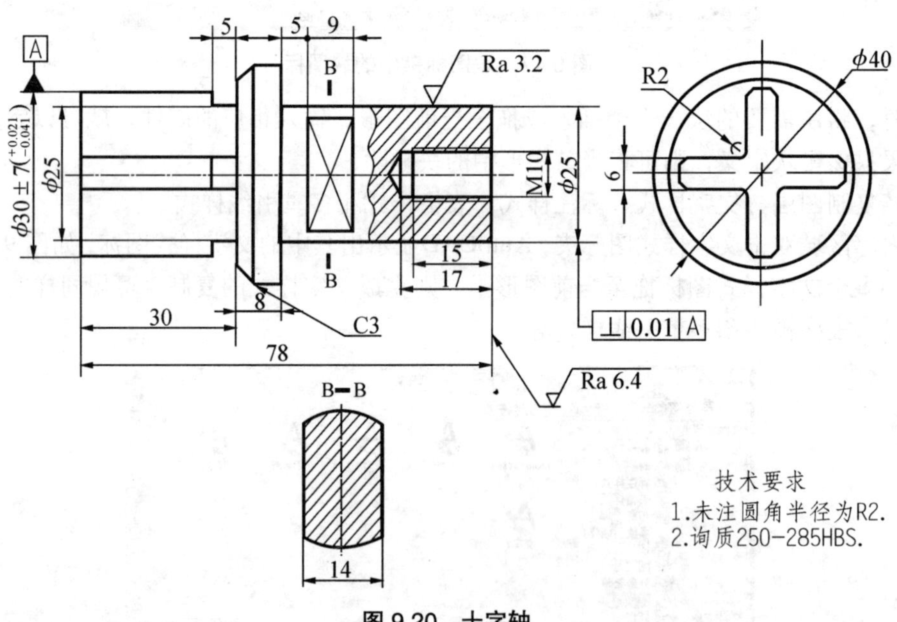

图 9.20 十字轴

【练习 9.9】 绘制图 9.21、9.22 所示的支架图（图中未注尺寸，由读者确定)，标注尺寸，并插入表面粗糙度和基准符号（可利用设计中心)。

【练习 9.10】 在工具选项板中创建选项卡。要求：选项卡的名称是“专用”；选项卡上有常用块，如基准、表面粗糙度等；还有专用命令，如绘制多段线、样条曲线和多线等命令。如图 9.23（a）所示。

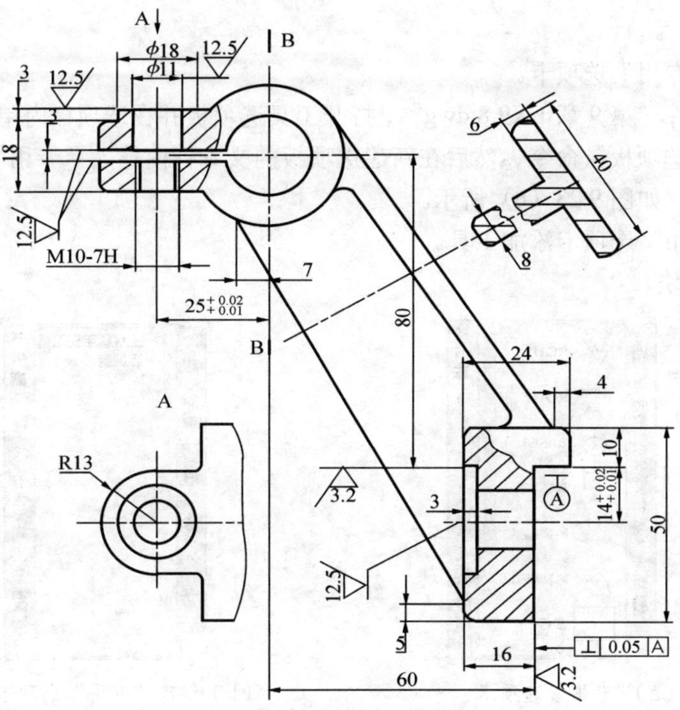

图 9.21　支架的主视图

B-B

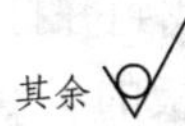

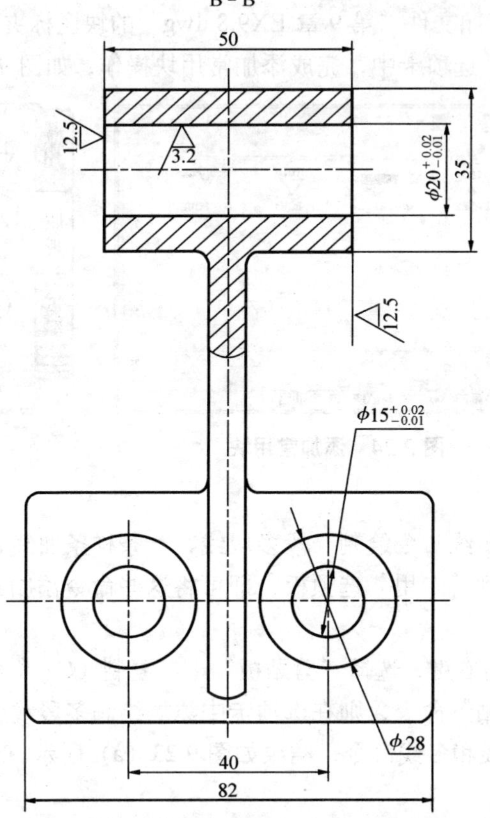

图 9.22　支架的左视图

技术要求

1.未注铸造圆角R3.

2.去尖角毛刺.

操作提示：

（1）创建“专用”选项卡。

打开习题文件“第 9 章\EX9.8.dwg”，打开工具选项板并在选项板内单击右键，从快捷菜单中选择“新建选项板”命令，然后在新建选项板的文本框内输入“专用”，按Enter键建立“专用”选项卡，如图 9.23（b）所示。

（2）向“专用”选项卡添加工具。

① 添加常用块。

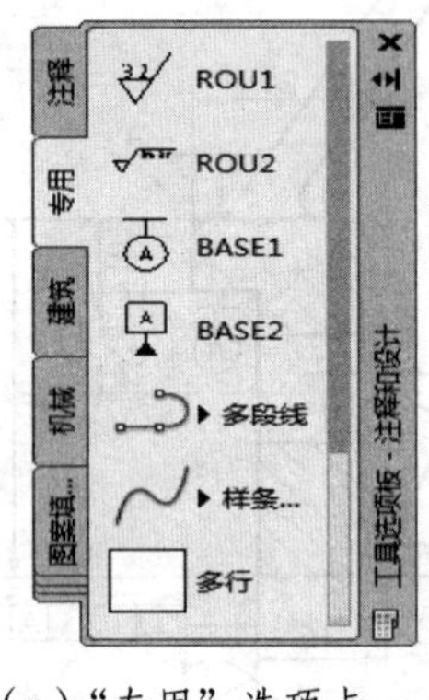

（a）“专用”选项卡

（b）创建“专用”选项卡

图 9.23 “专用”选项卡

打开设计中心，找到并打开习题文件“第 9 章\EX9.8.dwg”的块图标夹，并将内容区域的块图标拖至工具选项板的“专用”选项卡中，完成添加常用块操作，如图 9.24 所示。

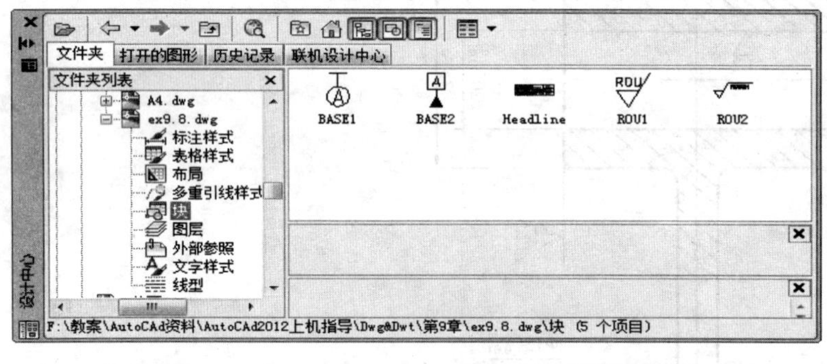

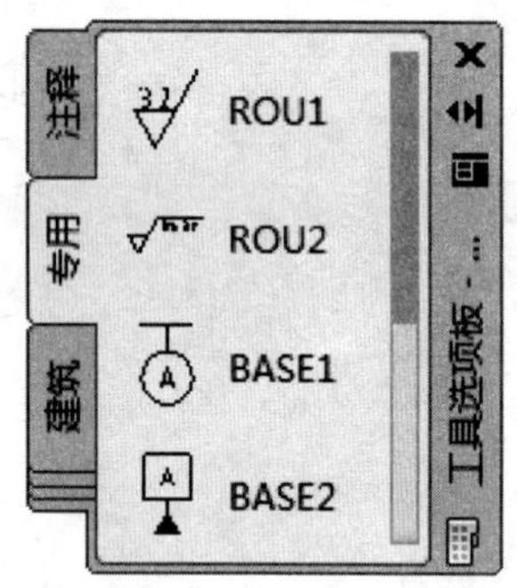

图 9.24 添加常用块

② 添加常用命令。

分别用多段线、样条曲线和多线命令绘制一段多段线、一条样条曲线、一段多线，复制（CTRL+C）并粘贴（CTRL+V）到“专用”选项板，即可将这些命令添加到“专用”选项卡中。

例如，选择所绘多段线，单击右键，选择“剪贴板”｜“复制（C）”命令；在“专用”选项卡内，单击右键，选择“粘贴”命令，则在选项卡中添加绘制多段线图标。同样的方法可向“专用”选项卡添加样条曲线和多线命令，结果如图 9.23（a）所示。

（3）测试并保存。

对[专用]选项卡中的常用块和命令进行测试，并另存为图形文件“EX9.10.dwg”。

【练习 9.11】　利用块、多段线等命令，绘制图 9.25（图中尺寸由读者自行确定）。

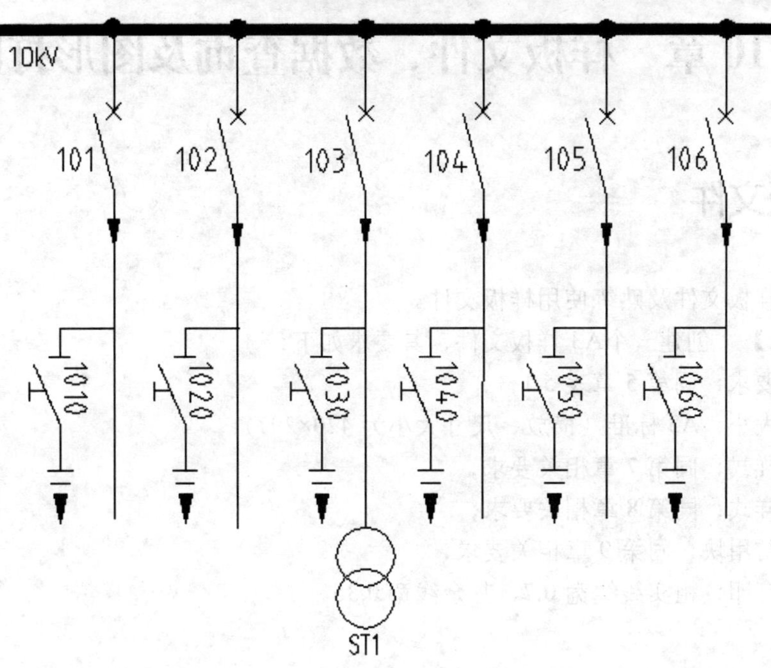

图 9.25　变电所接线图（局部）

第 10 章　样板文件、数据查询及图形打印

10.1　样板文件

学习创建样板文件及熟练使用样板文件。

【练习 10.1】　创建一个A3 样板文件，其要求如下：

- 图层要求：同第 5 章表 5.1；
- 图幅大小：A3 标准（横放，尺寸大小为 420×297）；
- 文字样式：同第 7 章相关要求；
- 标注样式：同第 8 章相关要求；
- 创建常用块：同第 9 章相关要求；
- 输出打印：粗实线线宽 0.7、其余线宽 0.35。

操作提示：

（1）图层。

新建图形文件。按照第 5 章表 5.1 要求建立所需图层；

（2）图形界限。

输入“limits”命令，设定图形界限为 420×297，并打开图形界限有效；

（3）文字样式。

打开文字样式管理器，新建文字样式“工程字 35”、“工程字 5”、“工程字 7”、“工程字 10”等，同第 7 章相关要求。

（4）标注样式。

打开标注样式管理器（命令“dimstyle”，快捷键D），新建“尺寸 35”标注样式，同第 8 章相关要求。

（5）创建常用块。

方法同第 9 章相关。

（6）绘制图框。

按照制图国标要求绘制，如图 10.1 所示。

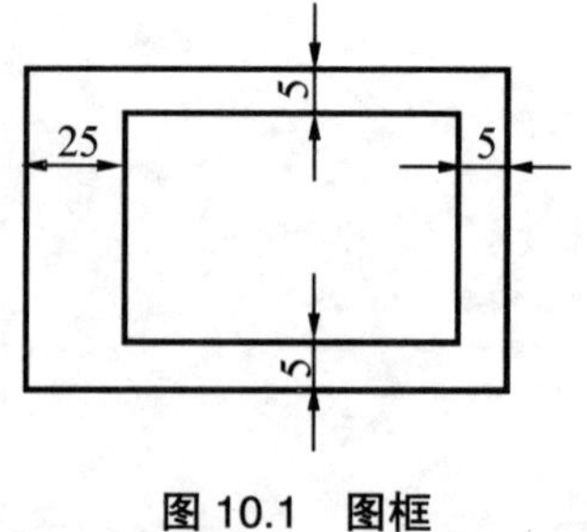

图 10.1　图框

（7）绘制标题栏。

按照制图国标要求绘制标题栏，如图 10.2 所示。

（8）打印设置。

打开功能面板|[输出]|[页面设置管理器]，打开管理器菜单，根据打印设备进行设置。

（9）保存样板文件。

检查并保存为AutoCAD图形样板文件“A3.dwt”。

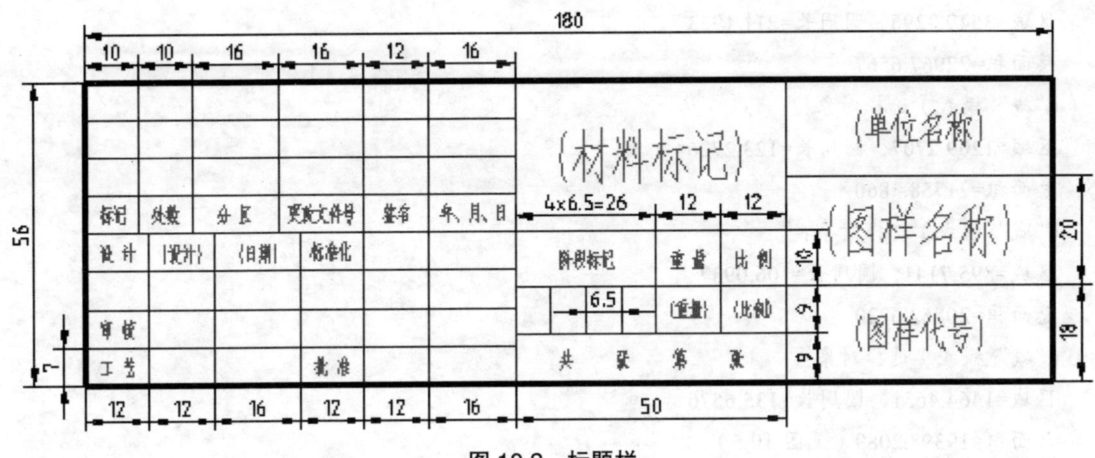

图 10.2　标题栏

10.2　数据查询

【练习 10.2】　打开习题文件“DWG\第 10 章\EX10.1.dwg”，用实用工具中的各测量命令（见图 10.3）测量图形尺寸。

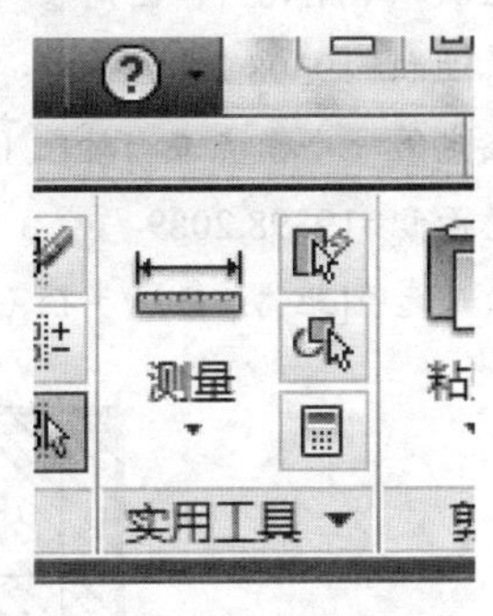

图 10.3　测量工具在功能区的位置

各测量命令图标如下：

矩形的长和宽：；

各圆的半径：；

测量矩形的角的角度：；

各圆的圆心坐标：；

剖面线阴影区域的面积：；

操作提示：

命令：_measuregeom

输入选项[距离（D）/半径（R）/角度（A）/面积（AR）/体积（V）]<距离>：_area

指定第一个角点或[对象（O）/增加面积（A）/减少面积（S）/退出（X）]<对象（O）>：A↙

指定第一个角点或 [对象（O）/减少面积（S）/退出（X）]：（分别捕捉矩形 4 角点）

（“加”模式）指定下一个点或[圆弧（A）/长度（L）/放弃（U）]：

（“加”模式）指定下一个点或[圆弧（A）/长度（L）/放弃（U）]：

（“加”模式）指定下一个点或[圆弧（A）/长度（L）/放弃（U）/总计（T）]<总计>：

（“加”模式）指定下一个点或[圆弧（A）/长度（L）/放弃（U）/总计（T）]<总计>：↙

区域=26516.9864，周长=673.7769

总面积=26516.9864（见图 10.4）

指定第一个角点或[对象（O）/减少面积（S）/退出（X）]：S↙

指定第一个角点或[对象（O）/增加面积（A）/退出（X）]：O↙

（“减”模式）选择对象：（分别选择 4 个圆）

区域=3549.3296，圆周长=211.1923

总面积=22967.6567

（“减”模式）选择对象：

区域=1209.2707，圆周长=123.2726

总面积=21758.3860

（“减”模式）选择对象：

区域=895.7141，圆周长=106.0937

总面积=20862.6720

（“减”模式）选择对象：

区域=1464.4631，圆周长=135.6576

总面积=19398.2089（见图 10.5）

（“减”模式）选择对象：

区域=1464.4631，圆周长=135.6576

总面积=19398.2089

指定第一个角点或 [对象（O）/增加面积（A）/退出（X）]：↙

总面积=19398.2089

输入选项[距离（D）/半径（R）/角度（A）/面积（AR）/体积（V）/退出（X）]<面积>：X↙

图 10.4　矩形总面积

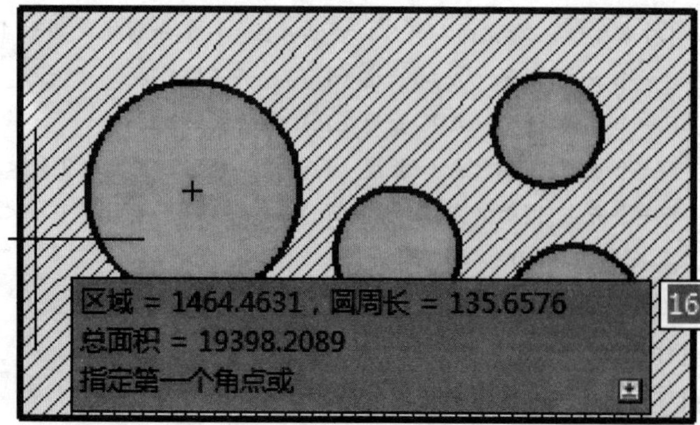

图 10.5　减去圆的面积

最后，在图形空白处，写下以上所测量的数据。

10.3　综合练习

【练习 10.3】绘制图 10.6～10.10 所示图形，并标注尺寸。

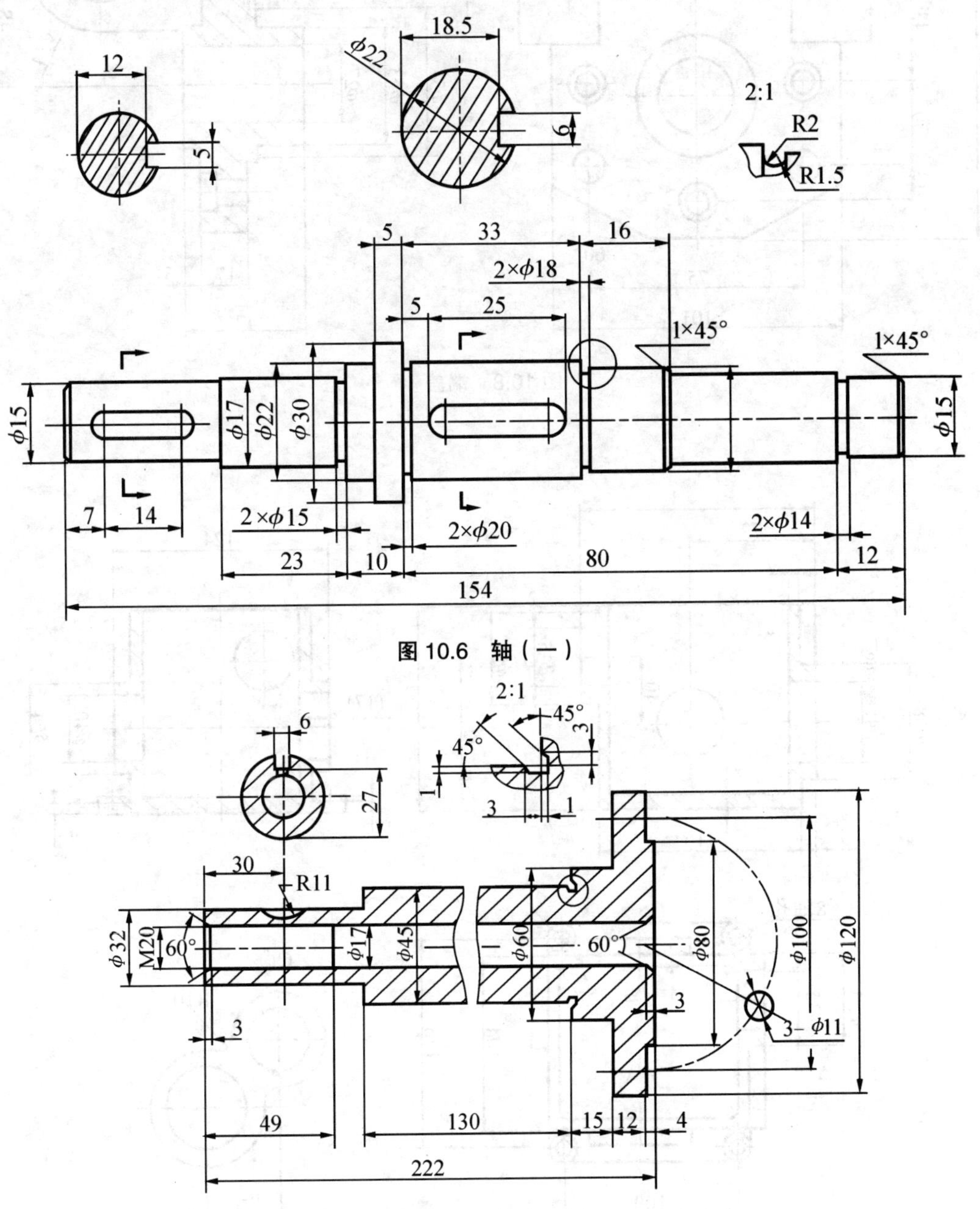

图 10.6　轴（一）

图 10.7　轴（二）

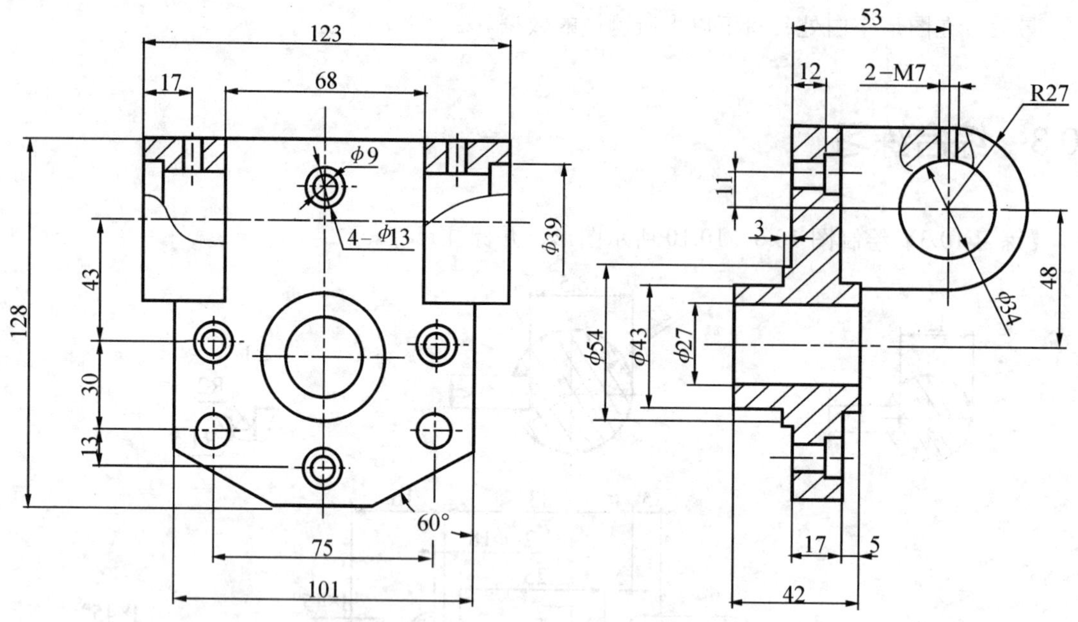

图 10.8　端盖

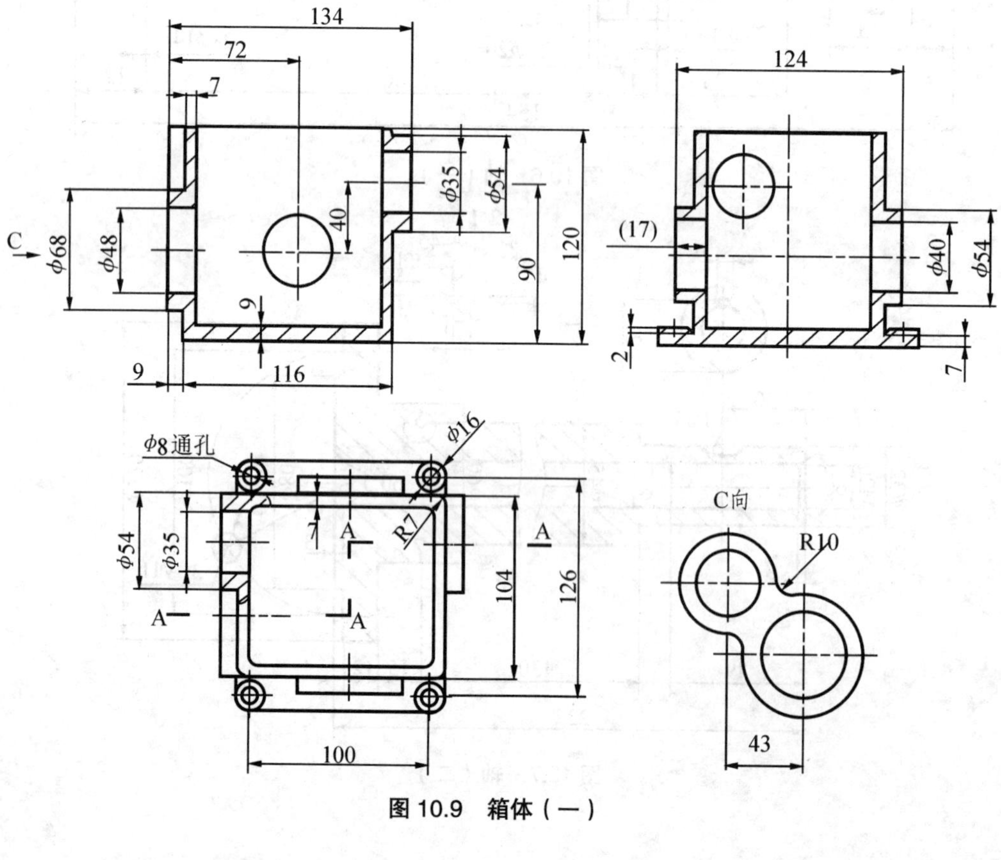

图 10.9　箱体（一）

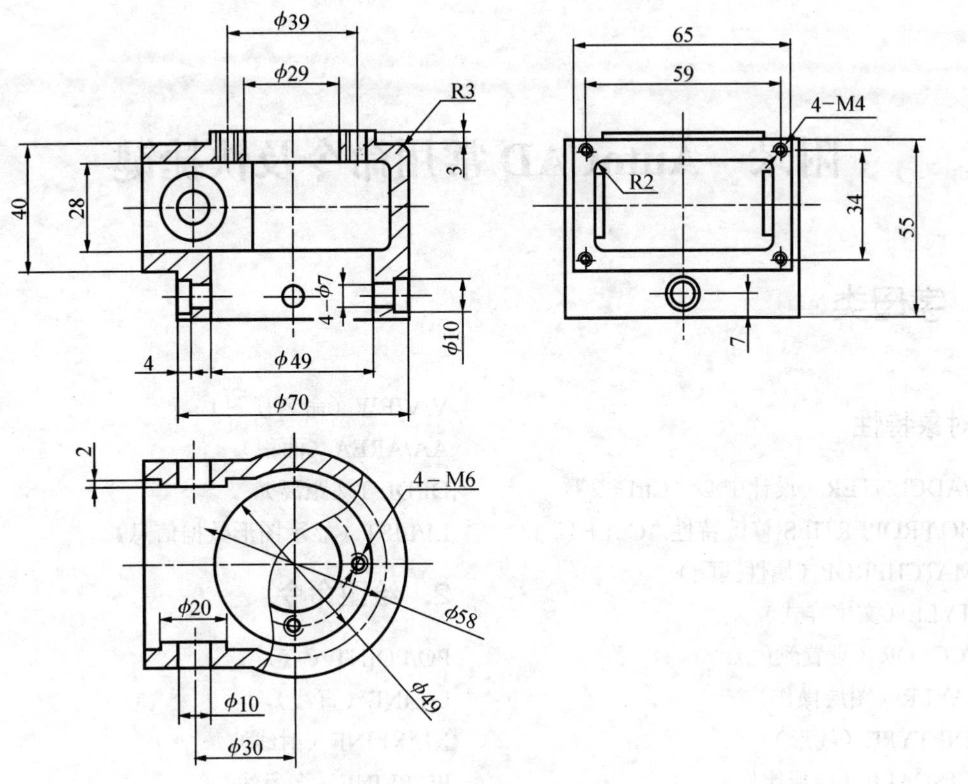

φ39
φ29
R3
40
28
3
4−φ7
φ10
4
φ49
φ70
65
59
4−M4
R2
34
55
7
2
4−M6
φ20
φ58
φ49
φ10
φ30

图 10.10　箱体（二）

附录 AutoCAD 常用命令及快捷键

一、字母类

1. 对象特性

ADC/ADCENTER（设计中心“Ctrl＋2”）
CH/MO/PROPERTIES(修改特性“Ctrl＋1”)
MA/MATCHPROP（属性匹配）
ST/STYLE（文字样式）
COL/COLOR（设置颜色）
LA/LAYER（图层操作）
LT/LINETYPE（线形）
LTS/LTSCALE（线形比例）
LW/LWEIGHT（线宽）
UN/UNITS（图形单位）
ATT/ATTDEF（属性定义）
ATE/ATTEDIT（编辑属性）
BO/BOUNDARY（边界创建，包括创建闭合多段线和面域）
AL/ALIGN（对齐）
EXIT/QUIT（退出）
EXP/EXPORT（输出其它格式文件）
IMP/IMPORT（输入文件）
OP/PR/OPTIONS（自定义 CAD 设置）
PRINT/PLOT（打印）
PU/PURGE（清除垃圾）
R/REDRAW（重新生成）
REN/RENAME（重命名）
SN/SNAP（捕捉栅格）
DS/DSETTINGS（设置极轴追踪）
OS/OSNAP（设置捕捉模式）
PRE/PREVIEW（打印预览）
TO/TOOLBAR（工具栏）
V/VIEW（命名视图）
AA/AREA（面积）
DI/DIST（距离）
LI/LIST（显示图形数据信息）

2. 绘图命令

PO/POINT（点）
L/LINE（直线）
XL/XLINE（射线）
PL/PLINE（多段线）
ML/MLINE（多线）
SPL/SPLINE（样条曲线）
POL/POLYGON（正多边形）
REC/RECTANGLE（矩形）
C/CIRCLE(圆)
A/ARC(圆弧)
DO/DONUT（圆环）
EL/ELLIPSE（椭圆）
REG/REGION（面域）
MT/MTEXT（多行文本）
T/MTEXT（多行文本）
B/BLOCK（块定义）
I/INSERT（插入块）
W/WBLOCK（定义块文件）
DIV/DIVIDE（等分）
H/BHATCH（填充）

3. 修改命令

CO/COPY（复制）
MI/MIRROR（镜像）

AR/ARRAY（阵列）
O/OFFSET（偏移）
RO/ROTATE（旋转）
M/MOVE（移动）
E/DEL键/ERASE（删除）
X/EXPLODE（分解）
TR/TRIM（修剪）
EX/EXTEND（延伸）
S/STRETCH（拉伸）
LEN/LENGTHEN（直线拉长）
SC/SCALE（比例缩放）
BR/BREAK（打断）
CHA/CHAMFER(倒角)
F/FILLET（倒圆角）
PE/PEDIT（多段线编辑）
ED/DDEDIT（修改文本）

4. 视窗缩放

P/PAN（平移）
Z＋空格＋空格/实时缩放
Z/局部放大
Z+P/返回上一视图
Z＋E/显示全图

5. 尺寸标注

DLI/DIMLINEAR（直线标注）
DAL/DIMALIGNED（对齐标注）
DRA/DIMRADIUS（半径标注）
DDI/DIMDIAMETER（直径标注）
DAN/DIMANGULAR（角度标注）
DCE/DIMCENTER（中心标注）
DOR/DIMORDINATE（点标注）
TOL/TOLERANCE（标注形位公差）
LE/QLEADER（快速引出标注）
DBA/DIMBASELINE（基线标注）
DCO/DIMCONTINUE（连续标注）
D/DIMSTYLE（标注样式）
DED/DIMEDIT（编辑标注）
DOV/DIMOVERRIDE(替换标注系统变量)

二、与CTRL键配合使用的常用快捷键

【CTRL】＋1/PROPERTIES(修改特性)
【CTRL】＋2/ADCENTER（设计中心）
【CTRL】＋O/OPEN（打开文件）
【CTRL】＋N、M/NEW（新建文件）
【CTRL】＋P/PRINT（打印文件）
【CTRL】＋S/SAVE（保存文件）
【CTRL】＋Z/UNDO（放弃）
【CTRL】＋X/CUTCLIP（剪切）
【CTRL】＋C/COPYCLIP（复制）
【CTRL】＋V/PASTECLIP（粘贴）
【CTRL】＋B/SNAP（栅格捕捉）
【CTRL】＋F/OSNAP（对象捕捉）
【CTRL】＋G/GRID（栅格）
【CTRL】＋L/ORTHO（正交）
【CTRL】＋W/（对象追踪）
【CTRL】＋U/（极轴）

三、常用功能键

【F1】/HELP（帮助）
【F2】/（文本窗口）
【F3】/OSNAP（对象捕捉）
【F7】/GRIP（栅格）
【F8】/ORTHO（正交）

参考文献

[1] 姜勇. 从零开始——AutoCAD 中文版机械制图基础培训教程. 北京: 人民邮电出版社, 2002.

[2] 刘国庆，郑桂水．AutoCAD 2004 基础教程与上机指导．北京：清华大学出版社，2003.

[3] 崔晓利，杨海如，贾立红．中文版 AutoCAD 工程制图（2010 版）．北京：清华大学出版社，2009.

[4] 崔晓利，杨海如，贾立红．中文版 AutoCAD 工程制图上机练习与指导（2010 版）．北京：清华大学出版社，2009．

[5] 黄和平，梁飞．中文版 AutoCAD 2007 实用教程．北京：清华大学出版社，2006．

[6] 薛焱．中文版 AutoCAD 2009 基础教程．北京：清华大学出版社，2008.

[7] 舒飞．AutoCAD 工程制图与上机指导．北京：清华大学出版社，2005.